DIE

REPTILIEN UND AMPHIBIEN

DEUTSCHLANDS.

NACH EIGENEN BEOBACHTUNGEN GESCHILDERT

VON

AD. FRANKE.

MIT EINEM VORWORT

VON

GEH. HOFR. DR. **RUD. LEUCKART,**

PROFESSOR DER ZOOLOGIE AN DER UNIVERSITÄT LEIPZIG.

LEIPZIG,

VERLAG VON VEIT & COMP.

1881.

Anzeige.

Der unterzeichnete Herausgeber dieses Büchelchens beabsichtigt (s. Einleitung) vom 1. Okt. d. J. ab selbständige Sammlungen der deutschen Reptilien und Amphibien und ebenso verschiedene Entwickelungsstadien derselben vom Eie bis zur Ausbildung, in guten Weingeistpräparaten abzugeben.

Eine solche Sammlung, die deutsche Fauna im engeren Sinne (mit Weglassung der nur in einigen deutschen Grenzländern vorkommenden Tiere) darstellend, enthält folgende 25 Präparate, die in ebensovielen der Form und Grösse der Tiere entsprechenden wasserreinen Gläsern mit hermetischem Verschlusse sich befinden:

Reptilien.

Kreuzotter (*Pelias berus*).
Schlingnatter (*Coronella austriaca*).
Ringelnatter (*Tropidonotus natrix*).
Blindschleiche (*Anguis fragilis*).
Waldeidechse (*Lacerta agilis*), Männchen.
„ Weibchen.
Berg- oder Wieseneidechse (*L. vivipara*).

Amphibien.

Laubfrosch (*Hyla arborea*), Männchen.
„ Weibchen.
Teichfrosch (*Rana esculenta*).
Taufrosch (*R. temporaria*),
Knoblauchkröte (*Pelobates fuscus*).
Unke (*Bombinator igneus*).
Erdkröte (*Bufo vulgaris*).
Wechselkröte (*B. variabilis*).
Kreuzkröte (*B. calamita*).
Feuersalamander (*Salamandra maculosa*).
Kammmolch (*Triton cristatus*), Männchen.
„ Männchen im Hochzeitskleide.
„ Trächtiges Weibchen.
Bergmolch (*Tr. alpestris*).
Gartenmolch (*Tr. taeniatus*), Männchen.
„ Männchen im Hochzeitskleide.
„ Trächtiges Weibchen.

Preis vorstehender Sammlung ℳ 50.

(Fortsetzung auf Seite 3 des Umschlags.)

DIE

REPTILIEN UND AMPHIBIEN

DEUTSCHLANDS.

NACH EIGENEN BEOBACHTUNGEN GESCHILDERT

VON

AD. FRANKE.

MIT EINEM VORWORT

VON

GEH. HOFR. DR. **RUD. LEUCKART,**
PROFESSOR DER ZOOLOGIE AN DER UNIVERSITÄT LEIPZIG.

LEIPZIG,
VERLAG VON VEIT & COMP.
1881.

Druck von Metzger & Wittig in Leipzig.

Vorwort.

Der Verfasser der vorliegenden Schrift hat mich gebeten, dieselbe mit einigen empfehlenden Worten einzuleiten. Obwohl ich nun überzeugt bin, dass das Büchlein auch für sich allein seinen Weg finden und das Interesse des Lesers fesseln wird, will ich die Bitte des Verfassers nicht unerfüllt lassen.

Es ist bekanntlich keineswegs selten, dass ein Laie in den Naturwissenschaften, seiner äusseren Stellung nach einem ganz anderen Berufskreise angehörig, mit Verständnis das Leben der Tierwelt verfolgt und vorurteilsfrei, wie er ist, die Vorgänge desselben in sinniger und richtiger Weise auffasst. Aber in der Regel wählt ein solcher sein Beobachtungsfeld auf einem Gebiete, welches durch den Glanz und die Mannigfaltigkeit der Erscheinungen das Auge fesselt und den Sinn erregt, wie das die Geschichte der Insekten- und Vogelkunde zur Genüge nachweist. Unser Verfasser aber hat seine Aufmerksamkeit einer Gruppe von Tieren zugewendet, die für gewöhnlich ein Gegenstand des Schreckens und Abscheues ist und kaum irgendwie die hingebende Liebe zu rechtfertigen scheint, welche ihr hier geschenkt wird. Es bedarf aber nur eines flüchtigen Einblickes in die Schrift des Hrn. Franke, um zu sehen, wie kurzsichtig und falsch bisher über unsere Tiere geurteilt wurde.

Anziehend, wie Naumann einst die Natur- und Lebensgeschichte der Vögel, so schildert der Verfasser mit schlichten Worten das Wesen und Treiben seiner Lieblinge. Aus dem Dunkel ihrer Schlupfwinkel treten sie dem Leser nahe, lebendige Wesen, wunderbar und köstlich — mit dem Dichter zu reden — wie alles Lebendige.

Und so darf ich denn mit bestem Gewissen das Büchlein seinem Leserkreise empfehlen und die Überzeugung aussprechen, dass es einem Jeden, auch dem Fachgelehrten, Genuss und Belehrung bieten werde.

Leuckart.

Vorwort des Verfassers.

In neuerer Zeit sind verschiedene herpetologische Werke auf dem Büchermarkte erschienen, und es könnte fast den Anschein haben, als ob dadurch das Bedürfnis nach einem populär gehaltenen das Thema erschöpfenden Nachschlagebuche gedeckt sei. In erster Linie fehlt jedoch in der Litteratur ein Werk, welches ausschliesslich die deutschen Reptilien und Amphibien behandelt, und auf deren Lebensgewohnheiten näher eingeht.

Seit mehr als zwanzig Jahren mit der Beobachtung dieser Tierklassen beschäftigt, musste ich die Überzeugung gewinnen, dass der Mangel an passenden Terrarien das natürliche Verhalten der Kriechtiere und Lurche in der Gefangenschaft beeinflusst. Alle mir bekannten grösseren Tiergärten und Aquarien (ich nenne darunter die Berlins, Frankfurts, Hamburgs, Dresdens) geben hiervon den besten Beweis. Überall findet man die betreffenden Tiere unter den beinahe widernatürlichsten Verhältnissen, so dass die Beobachtung gefangen gehaltener Exemplare unbedingt zu Trugschlüssen führen oder ohne Ergebnis sein musste. Nach vielen vergeblichen Versuchen glückte es mir endlich im Jahre 1875 ein Terrarium herzustellen, welches, lediglich für die deutsche Fauna berechnet, möglichst den natürlichen

Verhältnissen Rechnung trägt. Da ich in dem vorliegenden Werkchen hierauf öfter Bezug genommen habe, mag hier eine kurze Beschreibung desselben folgen:

Ein quadratisch abgeteilter Raum von circa 40 m Flächeninhalt ist von einer etwa 1 m tiefen Grundmauer umschlossen. Auf dieser erhebt sich eine von starken Pfosten gebildete $1^1/_4$ m hohe Einfriedigung, die in ihren rechtwinkeligen Ecken, sowie an den Seitenwänden mit zwei horizontal laufenden 24 cm breiten und ebensoweit voneinander entfernten Zinkstreifen versehen ist, damit die Eidechsen an derselben nicht in die Höhe laufen können. Der vordere Teil des inneren Raumes ist terrassenförmig und halbbogig vertieft; an der tiefsten Stelle ist ein dem halbrunden Raume entsprechendes etwas über 2 kbm geräumiges Wasserbassin mit Springbrunnen angelegt. Den Hintergrund bildet eine aus verschiedenen porösen Steinen zusammengesetzte Felsengruppe, die durch eine schmale wendelförmig angelegte Treppe zu besteigen ist. Dieser Miniaturberg hat einen Querdurchmesser von 4 bis 5 m, ist dabei ziemlich hoch und hat in seinem Innern reichliche Hohlräume, die mit Laub, Moos und dergleichen ausgelegt sind und von den Tieren als Winterquartier benutzt werden. Natürlich ist der Berg genügend mit Erde ausstaffiert und mit kleinen Bäumchen und Büschen besetzt. Von oben ist das Terrarium vollkommen frei, und den Witterungseinflüssen ausgesetzt, von aussen wird es von einzelnen Obstbäumen umstanden, die jedoch den Wirkungen der Sonnenstrahlen nur wenig Abbruch thun. Im Winter wird keinerlei Veränderung vorgenommen; sämtliche Tiere, mit Ausnahme der Schildkröten, werden in dem Raume belassen.

Durch diese Einrichtung ist es mir nicht nur möglich geworden, das Leben der Kriechtiere und Lurche in Bezug auf Nährweise, Charakter, Fortpflanzung und Winterschlaf in nächster Nähe zu beobachten, sondern ich züchte auch alljährlich eine ziemliche Anzahl junger Tiere, was bis jetzt, besonders bei den Kriechtieren, nicht eben vielen Forschern gelungen sein dürfte.

Diese günstigen Erfolge, noch mehr aber das Drängen meiner Freunde und das dringende Anraten verschiedener hochgestellter Fachmänner liessen in mir einen Entschluss reifen, dessen Ausführung unter anderen Umständen wohl kaum als möglich gedacht werden kann: ich beabsichtige nämlich die deutschen Kriechtiere und Lurche, samt deren verschiedenen Entwickelungsstadien vom Eie bis zu ihrer vollen Entwickelung, als selbständige Sammlungen darzustellen.

Wohl bin ich mir der Schwierigkeit der gestellten Aufgabe bewusst, doch habe ich bereits ein mehrjähriges tätiges Vorbereiten hinter mir, welches mich von der Ausführbarkeit meines Vorhabens hinreichend überzeugt hat.

Teilweise verdankt dieses Büchlein dem eben erwähnten Unternehmen seine Entstehung. Obwohl für sich ganz selbständig, ist es doch dem Besitzer einer Sammlung ein zur Vergleichung ganz unentbehrliches Nachschlagebuch. Den Lehrern wird es leicht, mittels desselben sich über die charakteristischen Merkmale der einzelnen Arten bei Vorführung der Präparate zu orientieren, nicht minder von Nutzen wird es für den Sammler und Naturfreund sein, der seine Studien am lebenden Tiere macht.

Ich bin bei Aufzeichnung der Lebensweise und Charaktereigentümlichkeiten der einzelnen Tiere meinen eigenen Beobachtungen gefolgt und dabei in verschiedenen Fällen von dem bis jetzt Geglaubten und Gelehrten abgewichen. Übrigens habe ich die Überzeugung, dass, wenn man einmal angefangen haben wird, die Kriechtiere und Lurche unter anderen Verhältnissen zu beobachten, als es bisher der Fall war, manche Anschauung als irrtümlich über Bord geworfen werden muss, die sich gleichsam traditionell bis auf unsere Zeit in der herpetologischen Litteratur fortgepflanzt hat.

Schliesslich sei noch erwähnt, dass der Direktor des Leipziger zoologischen Instituts, Hr. Geh. Hofrat Prof. Dr. Leuckart, bereits ein Terrarium nach dem Muster des meinigen hat erbauen lassen, und es kann kein Zweifel darüber herrschen, dass sich unter dessen fürsorglicher Leitung noch weit interessantere Details herausstellen werden.

Und somit empfehle ich das vorliegende Buch den Herren Lehrern an den Volks- sowie an den höheren Schulen, den Schülern höherer Lehranstalten, überhaupt allen Naturfreunden zur freundlichen Beachtung, hoffe auch zuversichtlich, dass das Werkchen künftig in keiner Volks- und Schulbibliothek fehlen werde.

Stötteritz b. Leipzig,
im Juni 1881.

Ad. Franke.

Inhalt.

Reptilien.

Amphibien.

REPTILIEN.

Kriechtiere (Reptilia).

Die Reptilien zählt man zu den kaltblütigen Wirbeltieren, obgleich ihr Blut einen ziemlich hohen Wärmegrad anzunehmen befähigt ist. Die Blutwärme steigt und fällt fast gleichzeitig mit der äusseren Temperatur. Dieser Umstand ist für die Lebensweise und Existenz aller Reptilien von höchstem Einflusse, wie wir dies weiter unten näher ausgeführt finden werden. Sie lieben trotz ihrer „Kaltblütigkeit“ die Wärme, und fühlen sich, wenigstens im Frühling und Herbst, im Sonnenschein am behaglichsten.

Alle Reptilien atmen zu jeder Zeit ihres Lebens durch Lungen und haben demnach — im Gegensatze zu den Amphibien — keine Verwandlung zu bestehen. Die Art der Fortpflanzung durch Eier, unter Bildung von Amnion (Schafhaut) und Allantois (Harnhaut), nähert sich derjenigen der Vögel, während sich die der Amphibien (durch sogenannten Laich) mit der Fortpflanzung der Fische vergleichen lässt. Diese beiden wesentlichen Unterschiede haben zu einer jetzt allgemein anerkannten Trennung in „Reptilien“ und „Amphibien“ geführt, nachdem beide vorher von Linné in eine Klasse vereinigt worden waren. Vor Linné zählte man beide Arten noch zu den „Vierfüsslern“ beziehentlich zu den Würmern.

Der Körperbau zeigt bei der ganzen Klasse nur wenig Übereinstimmendes, er ist entweder scheibenartig, walzenförmig, oder strickartig verlängert, sodass die einzelnen Ordnungen schon durch ihre äussere Erscheinung im allgemeinen unterscheidbar sind.

Die Körperbedeckung besteht aus Schuppen, Schildern oder hornigem Panzer, wodurch die Kriechtiere sich von den Amphibien, welche nur von einer zarten leichten Haut bekleidet sind, scharf abzeichnen. Es ist dies als Merkmal für den Laien nicht unwesentlich, vorzüglich zur Unterscheidung der Schwanzlurche (Salamander und Molche) von den Eidechsen, welche bei oberflächlicher Betrachtung und vorzüglich im Jugendzustande allerdings in ihrer Körperform viel Ähnlichkeit untereinander zeigen. Irrtümlich spricht hier der Unkundige von „Wassereidechsen" und „Landeidechsen" als von nahe verwandten Tieren, während der Klassenunterschied beider ungefähr ebenso gross ist, wie der zwischen einem Frosche und einer Schlange. Die Bezeichnung „Wasserechsen" ist nur für die in Europa nicht vertretene Ordnung der Hydrosaurier (Krokodile) anwendbar.

Der längliche Kopf der Reptilien ist nur bei einer Ordnung (Schildkröten) durch einen deutlich hervortretenden langen Hals vom Rumpfe getrennt, in allen anderen Fällen setzt er sich entweder direkt in seiner ganzen Breite dem übrigen Körper an, oder ist von demselben durch eine mehr oder weniger hervortretende Einengung, welche die Stelle des Halses vertritt, abgegrenzt.

Das Maul ist verhältnismässig weit gespalten, mitunter scheinbar bis hinter das Kopfende. In der Mundhöhle befinden sich zahlreiche kleine, hakenartig nach hinten gekrümmte Zähnchen, die ausschliesslich nur zum Ergreifen, Festhalten und Hinabwürgen der Beute, nicht aber zum Zerkleinern oder Kauen bestimmt sind. Die Kreuzotter, als Giftschlange, hat ausserdem noch am Oberkiefer jeseitig ein Paar bei geöffnetem Rachen weit abstehende, an ihren Wurzeln durchbohrte hohle Giftzähne. Die Schildkröten haben keine Zähne, sondern behelfen sich mit ihren schnabelartig harten Kieferrändern.

Die Zunge lässt sich kaum als Ernährungswerkzeug

betrachten; sie wird vielmehr, wenigstens von Schlangen und Echsen, nicht sowohl beim Aufsperren des Rachens als auch beim Fressen selbst in eine Scheide zurückgezogen, ist an der Spitze gabelförmig oder mindestens zweispaltig und mit einem hornartigen Überzuge bekleidet. Die Zunge der Schildkröte ist nicht vorstreckbar, sondern fleischig, kurz und dick.

Die Augen sind im Verhältnis zur Kopfgrösse bei den Schlangen grösser als bei ihren Ordnungsverwandten. Die fehlenden Augenlider werden durch die das Auge mitbedeckende Körperhaut ersetzt, welche an dieser Stelle uhrglasartig und durchsichtig das Auge einschliesst. Dasselbe erhält hierdurch wie durch seine scheinbare Unbeweglichkeit ein starres, unheimliches und drohendes Aussehen. Die freundlich blickenden leicht beweglichen Augen der Eidechsen und Schildkröten sind mit zwei ungleichgrossen Augenlidern versehen, von denen das untere das grössere ist.

Die vier Beine sind stets seitlich gestellt und dadurch kaum fähig den Körper zu tragen. Sie werden vielmehr beim Laufen ruderartig angewendet, eignen sich aber mit Zuhülfenahme der mit langen scharfen Krallen versehenen Zehen vorzüglich zum Klettern. Die Schlangen haben keine Beine, und in ihrer Übergangsform zur Eidechse (bei uns durch die Blindschleiche, *Anguis fragilis*, vertreten) sind die Beine nur durch äusserlich nicht sichtbare Rudimente angedeutet.

Die Oberhaut ist meistens lebhaft gefärbt und entspricht in ihrem Grundtone in der Regel dem Aufenthaltsorte ihrer Trägerin. Sie wird einige Mal im Jahre gewechselt, und zwar entweder im Zusammenhange (Schlangen), oder stückweise (Eidechsen) durch Andrücken oder Reiben an rauhen Gegenständen abgestreift.

Die Fortpflanzung geschieht auf zweierlei Art: durch Eierlegen und Lebendiggebären. Im ersteren Falle werden die Eier lange vor der Fruchtreife in selbstgegrabenen (Eidechsen und Schildkröten) oder vorgefundenen Höhlungen

(Schlangen) verborgen, wo sie durch die natürliche Wärme zur Weiterentwickelung und Ausbildung gebracht werden. Im anderen Falle behält das Muttertier seine Nachkommen bis zu deren Fruchtreife bei sich. Sie sind im Mutterleibe einzeln in feine durchsichtige Blasen gehüllt, welche durch ein Band perlschnurartig aneinander gehalten werden. Nachdem die jungen Tiere ihre Reife erlangt haben, werden sie einzeln, aber immer noch in ihre Blase gehüllt, zur Welt gebracht; wenige Minuten darauf zerreisst die Hülle und das Junge erscheint nun als verkleinertes Ebenbild seiner Eltern.

Gegenüber den Amphibien ist die Vermehrung der Reptilien eine verschwindend geringe, ohne dass sich die Gefahren für das Fortkommen des jungen Geschlechtes verminderte; die junge Brut ist im Gegenteil durch langsames Wachstum, Empfindlichkeit gegen Witterungseinflüsse, zarte Körperkonstruktion u. s. w. viel mehr gegen jene gefährdet.

Wegen ihrer geringen geistigen Fähigkeiten zählt man die Reptilien zu der letzten Klasse der höheren Wirbeltiere; unter ihnen stehen noch die Lurche und Fische, als die niedersten Klassenverwandten, welche zugleich die Klasse der Wirbeltiere abschliessen.

Die Reptilien teilt man in vier Ordnungen, von denen die drei hier zuerst genannten in Deutschland vertreten sind:

Erste	Ordnung:	Schlangen (*Ophidia*).
Zweite	„	Schuppenechsen (*Sauria*).
Dritte	„	Schildkröten (*Chelonia*).
Vierte	„	Wasserechsen (*Hydrosauria*).

Erste Ordnung.

Schlangen (Ophidia).

Die Schlangen haben sämtlich einen langen wurmförmigen, fast gleichmässig dicken Leib, von welchem der Schwanz sich gar nicht und der Kopf nur wenig abhebt. Letzterer zeichnet sich durch die Beweglichkeit der Gesichtsknochen, welche ein Verschieben der Kinnladen nach allen Seiten hin ermöglichen und den Rachen zu einer ausserordentlichen Ausdehnung befähigen, besonders aus. Der Kopf ist bei unseren in Deutschland lebenden drei Arten auch dreimal verschieden gestaltet und es ergiebt sich hieraus ein gut anwendbares Unterscheidungsmittel.

Die Bedeckung des Kopfes durch tafelförmige Schilder und deren Form, Grösse und Anordnung bildet eine zwar etwas komplizierte aber sichere Handhabe zur systematischen Einteilung der verschiedenen Arten. Man bezeichnet diese Schilder mit Rüssel-, Nasen-, Zügel-, Stirn-, Scheitel-, Schläfen-, Augen-, Lippen- u. s. w. Schilder. Ähnlich verhält es sich mit der Bekleidung des übrigen Körpers; man unterscheidet auch hier Bauch-, After-, Schwanzschilder u. s. w. Die Bauchschilder repräsentieren sich bei unseren deutschen Schlangen in Gestalt von Halbringen, welche ungefähr doppelt so breit als lang sind; die Schwanzschilder, vom After in einer Doppelreihe (paarig) bis zur Schwanzspitze ziehend, sind ganz bedeutend gegen die vorhergehenden verkleinert und nehmen noch ausserdem nach hinten zu an Grösse allmählich ab; die zwei Afterschilder, ebenfalls paarig, bedecken die quergestellte Aftermündung.

Da es sich hier nur um drei Schlangenarten handelt, die sich leicht durch andere charakteristische Merkmale auseinander halten lassen, verzichte ich hier, auf eine nähere Beschreibung der Kopf- und Halsschilder als systematische Kennzeichen einzugehen, deren Kenntnis zwar zur Klassifizierung der bis jetzt gekannten etwa 600 bis 700 Arten unbedingt notwendig ist, im vorliegenden Falle aber eher verwirren könnte. Das unbedingt Wissensnötige wird ohnedies an betreffender Stelle seinen Platz finden.

Der Rücken und die Seitenteile des Körpers sind entweder mit gekielten (in der Mitte verdickten und an den Spitzen freistehenden), schindelförmigen (übereinanderliegenden) oder glatten Schuppen bedeckt, die übrigens bei einem und demselben Tiere an verschiedenen Teilen des Körpers variieren können und für die Klassifizierung schon deshalb keinen sicheren Anhalt geben, weil sie oft erst im reiferen Alter charakteristisch hervortreten.

Die Bezahnung des Mundes hingegen ist mit grösserem Vorteile zur Feststellung verschiedener Arten und Unterabteilungen benutzt worden. Im allgemeinen unterscheidet man dreierlei Zähne: massige oder feste (bei unschädlichen Schlangen), gefurchte, welche von der Wurzel aus mit einer offenen Rinne versehen sind (sog. Trugschlangen) und endlich hohle, welche sich an der Spitze spalten und in ihrer Mitte eine bis in die Zahnwurzel gehende Öffnung haben (Giftnattern und Seeschlangen). Alle diese Zähne stehen hakenförmig nach hinten; die kleinen massigen oder festen Zähne sind sämtlichen Schlangen eigen, sie dienen, wie schon oben erwähnt, nicht nur zum Ergreifen und Festhalten, sondern auch mitunter zum Hinabwürgen der Beute.

Trotz der mangelnden Beine zeigen die Schlangen doch eine verhältnismässig grosse Gewandtheit in ihren Bewegungen; sie übertreffen hierin verschiedene ihrer Klassenverwandten. Die Fortbewegung wird vermittelst der zahlreichen ruderartig angewendeten Rippenmuskeln zustande gebracht, wobei vorzüglich die scharfkantigen willkürlich aufbauschfähigen Bauchschilder den Widerstand gegen ein Rückwärtsgleiten vermitteln und so dem Tiere vorzüglich beim Klettern oder Besteigen steiler Abhänge von Vorteil sind. Obgleich nun die verschiedenen Arten in Bezug auf Schnelligkeit ihrer Fortbewegung sehr ungleichmässige Fähigkeiten besitzen, die sich sogar bis zur völligen Trägheit und Schlaffheit herabmindern, ist doch im Volksglauben die Ansicht vorherrschend, dass Schlangen „blitzschnell“ sind, sich „weit fortschleudern“ können, „mit einem galoppierenden Pferde auszuhalten vermögen“, „Einem entgegenspringen“ u. s. w. Alles das und vieles andere ist zurückzuführen auf die mangelhafte Kenntnis, traditionelle Übertreibungen und vorzüglich auf die, ich möchte sagen angeborene Furcht vor Schlangen. In Wahrheit verhält sich die Sache ganz anders. Die Schlangen zeigen ihre Fertigkeit in der Fortbewegung nur in Ausnahmefällen: bei der Flucht und beim Raube und selbst hier täuscht sich der weniger Geübte sehr oft in Bezug auf die vermeintliche Schnelligkeit. Unsere Ringelnatter (*Tropidonotus natrix*), als die schnellste einheimische Schlange, ist z. B. auch bei dem ihr günstigsten Terrain nicht imstande, auf ebenem Boden sich so schnell fortzubewegen, dass man sie nicht ganz bequem im Schritte einholen könnte. Die Täuschung über ihre Körpergrösse wird durch den sehr dehnbaren Körper hervorgerufen, der sich nie in gerader Richtung, sondern stets in seitlichen Wellenbewegungen fortschlängelt. Diese Bewegungen werden allerdings sehr schnell ausgeführt, sodass man oft nicht einmal die Art der fliehenden Schlange erkennen kann, bringen jedoch das Tier nicht in demselben Verhältnis vorwärts. Bei abschüssigem Boden hingegen liegt die Sache bedeutend anders. Hier benutzt das Tier nicht selten den Rand des Abhanges in der Weise, dass es in halber Leibeslänge über denselben vorschnellt und sich dann einfach fallen lässt, und wo dies der Örtlichkeit nach nicht wohl angeht, benutzt es wenigstens die eigene Körperschwere, um, mehr kollernd als kriechend, hinabzukommen. Ich habe öfters gesehen, wie Ringelnattern, am Rande von Steinbrüchen überrascht, plötzlich einen „Sprung“ in der eben angeführten Weise in eine bedeutende Tiefe mit hartem, steinigem Grunde wagten, um, unten angekommen, in irgend einer Spalte zu verschwinden.

Beim Raube kommt es seltener darauf an, den Körper fortzubewegen; die Beute wird in den meisten Fällen abgelauert und je nach der Gattung der Schlange entweder verwundet, umschlungen oder auch mit den Zähnen gepackt. Erst wenn diese Angriffsweise misslingt, wird mitunter eine allerdings sofortige Verfolgung vorgenommen, die aber selten Erfolg hat und auch nicht lange währt.

Ohne obengenannte Ausnahmefälle, Flucht und Raub, zeigen sich die Schlangen in ihren Bewegungen langsam und vorsichtig, verharren oft stundenlang mit aufgerichtetem Kopfe oder, anscheinend schlafend, tellerartig zusammengeringelt, den Kopf in die Mitte des Körpers legend, oder auch lang ausgestreckt, den Kopf in ihren Schlupfwinkel versteckt, um bei Wahrnehmung irgend einer Gefahr schnell sich zu verbergen.

Bilder aus früheren Zeitperioden stellen gewöhnlich „kriechende“ Schlangen in aufrechtstehenden Wellenlinien dar. Es würde wohl überhaupt eine derartige Stellung, trotz der Geschmeidigkeit und Biegsamkeit, diesen Tieren nicht möglich sein, noch viel weniger aber könnten sie sich in dieser Weise fortbewegen, da weder die Rippenmuskeln noch Bauchschilder ihre Funktionen so auszuüben vermöchten. Beim Kriechen wird nur etwa der vierte Teil des Körpers in gerader Linie über dem Boden gehalten, die übrigen Teile folgen, indem sie sich fest an den Boden drücken und dessen Unebenheiten benutzen, in doppelseitigen Windungen nach. Ein Erheben vom Boden auf mehr als ein Dritteil des Körpers ist überhaupt nur möglich, wenn das Tier sich an irgend einen Gegenstand anlehnen kann, in diesem Falle erhebt es sich ziemlich bis zum After. Obgleich sehr viel vom „Sprunge“ der Schlange geschrieben und gesprochen wird, bleibt doch bei genauerer Untersuchung kaum der Begriff übrig. Ich weiss zwar nicht, ob unter den exotischen Exemplaren einige Gattungen existieren, deren Muskelkraft zum Fortschnellen bis über die Bodenfläche ausreicht, ziehe es aber sehr in Zweifel; bei unseren einheimischen Schlangen ist dies sicher nicht der Fall. Sie können sich höchstens, während der übrige Teil des Körpers nicht nur ruhig liegen bleibt, sondern sogar zur Vermehrung der Gewalt fest an den Boden gedrückt wird, bis auf halbe Leibeslänge vorschleudern, was vorzüglich zur Erreichung der Beute in Anwendung kommt.

Das Gefühl der Schlangen, so weit wir es als Tastsinn betrachten, ist gegenüber den übrigen Sinnen am vollkommensten. Als Organ desselben gilt die Zunge; sie ersetzt zum grossen Teil das ziemlich mangelhafte Auge und wohl auch den Geruchsinn. Durch einen bei jeder Schlange vorhandenen bogenförmigen Einschnitt im Rostral- oder Rüsselschild ist es dem Tiere möglich, auch bei geschlossenem Munde die Zunge herauszustrecken und einzuziehen. Dies geschieht nun eigentlich immer, selbst wenn das Tier anscheinend ruhend daliegt. Trotz des Hornüberzuges ist das Tastvermögen der Zunge so weit ausgebildet, dass das Tier durch dieselbe sich schon von der Beschaffenheit der betreffenden Gegenstände unterrichtet, ohne dass eine wirkliche Berührung derselben stattzufinden braucht. Es „wittert", um mich in der Jägersprache auszudrücken, gleichsam mit der Zunge in der Weise, wie der Hund mit der Nase. Kein Stein, kein Baum oder überhaupt kein Gegenstand, mit dem die Schlange in Berührung kommt, wird ununtersucht gelassen. Bevor sie ins Wasser geht, züngelt sie über dasselbe weg; im Gefängnis wird jeder Gegenstand vorerst sorgfältig „bezüngelt", ohne jedoch den Gegenstand zu berühren; sie braucht die Zunge leckend höchstens zur Aufsaugung von Tautropfen in Ermangelung des Trinkwassers. Wenn das Züngeln seltener wird oder schwerfällig und langsam geschieht, kann man sicher darauf rechnen, ein krankes Tier vor sich zu haben, das sich gegen die Aussenwelt stumpf und apathisch verhält und auf seine Sicherheit wenig Bedacht nimmt.

Diese Schlangenzunge wird noch heute wenigstens von der Hälfte der civilisierten Menschheit als das gefährliche Mordwerkzeug betrachtet, durch welches die Schlangen ihr Gift mitteilen. Auch der Irrtum, dass die Schlange „sticht" statt beisst, mag durch die spitze Zunge seinen Ursprung gefunden haben. Die Berührung durch eine Schlangenzunge ist so zart, dass man sie kaum durch das Gefühl wahrnimmt.

Im Vergleich zu der Feinfühligkeit der Zunge sollte man annehmen, dass das sonstige Gefühlsvermögen ein stark ausgebildetes sein würde; es ist aber ziemlich das Gegenteil der Fall. Die schwersten Martern, die anderen begabten Tieren den baldigen Tod gebracht haben würden und deren Aufzählung ich hier unterlassen will, werden den Schlangen erst nach geraumer Zeit schädlich. Ein Beispiel dieser Zählebigkeit erfuhr ich im Sommer vorigen Jahres. Der Forstmann Hr. Aug. Staake bei Wurzen (Graf Hohenthal'sches Gebiet) erblickt eine halb im Loche steckende Schlingnatter (*Coronella austriaca*); er erfasst das heraushängende hintere Ende und versucht die Schlange allmählich herauszuziehen, diese setzt dagegen den heftigsten Widerstand. Bei grösserer Anwendung von Gewalt fühlte der Forstmann ein leises Knacken und liess das Tier, in der Befürchtung ihm Schaden zu thun, los. Einige Tage darauf findet er es ausserhalb seines Schlupfwinkels und nimmt es mit. Es ergab sich, dass das Rückgrat etwa 15 cm über dem After getrennt war und auch die inneren Teile an dieser Trennung beteiligt waren, denn der vordere Teil war mit dem hinteren nur durch die äussere, dünne Haut verbunden und man konnte bequem zwei Finger zwischen die entstandene Höhlung legen. Die Schlange war ausserdem trächtig und ein Teil der Jungen befand sich in der abgetrennten Hälfte. Ich nahm das Tier in die Pflege und bemerkte in seinem Betragen nichts ungewöhnliches, nur war es ausnahmsweise sehr bissig. Es wurde erst nach acht Tagen plötzlich matt und starb am zehnten Tage. Zu meiner Überraschung fand ich bei der Sektion die Jungen — sieben Stück — noch lebend und zwar drei davon im hinteren abgerissenen Teile. — Von vielen ähnlichen Fällen sei noch folgender erwähnt: Mitte Mai fand ich eine Ringelnatter mit zerschlagenem Rückgrate. Die Wunde befand sich etwa 5 cm vor dem After und es hatte sich bereits auf derselben Schorf gebildet, auf dem einige von Knochensplittern verursachte Erhöhungen hervortraten; — dabei stand der hintere Teil des Körpers von der verwundeten Stelle an ziemlich rechtwinklig zur Seite. Das Tier hatte, jedenfalls vor Empfang der Wunde, die Häutung überstanden und war auch sonst im besten Ernährungszustande. Nach längerem Aufenthalte im Terrarium bildete sich, wahrscheinlich durch verhinderten Abgang der Exkremente, in der Nähe der Verletzung eine wulstige Anschwellung. Dies alles hinderte die Schlange nicht am Umherkriechen, wobei sie den hinteren, immer noch seitlich gestellten Körperteil nachschleifte. Sie zeigte in ihrem Betragen nur insofern eine Abweichung von den übrigen, dass sie während der Nacht frei liegen blieb, während jene regelmässig ihre Schlupfwinkel aufsuchten. Sie starb erst Anfang November, wahrscheinlich auch nicht an den unmittelbaren Folgen der Verletzung, sondern durch die inzwischen eingetretenen Nachtfröste, vor denen sie sich nicht zu schützen suchte.

Ein Umstand ist mir bei Verletzungen immer aufgefallen: trotz der Zählebigkeit der Schlangen sind doch einzelne Verwundungen oft ganz leichter Art für sie fast immer tödlich, wenn auch der Tod erst nach längerer Zeit eintritt. Bei meinen häufigen Exkursionen habe ich oft verletzte Schlangen gefunden, vorzüglich in der Nähe von Fahrwegen oder bewohnten Plätzen, aber nie ist es mir gelungen, derartige Exemplare am Leben zu erhalten. Eine Erklärung hierfür finde ich in folgendem: Die Schlangen fressen ihre Beute ganz, d. h. ohne Zerstückelung, es gehört hierzu die Aufwendung aller Kräfte, und selbst nach dem Verschlingen kommt noch jede einzelne Muskel in Thätigkeit, der Leib wird von vorn nach hinten bis zur Unförmlichkeit, je nach der Grösse des Opfertieres, erweitert, ja selbst der Schwanz wird aktiv, indem er beim Erfassen der Beute sich peitschenartig bewegt und beim Verschlingen um irgend einen festen Gegenstand geschlungen wird — beim Fressen würde also die verletzte Stelle unbedingt in Thätigkeit kommen; das kranke Tier wird instinktiv das Fressen unterlassen. Obgleich nun dasselbe lange Zeit — über ein Jahr — das Futter vermissen kann, so braucht es doch zum Fressen, wie schon erwähnt, einen bedeutenden Kraftaufwand. Die Kräfte haben aber schon von der Zeit nachgelassen, wo es dem Futter entsagte, das Tier fällt von dieser Zeit nach und nach ab und wird äusserst matt, die Haut trocken und zu der für die Existenz des Tieres notwendigen Häutung (siehe weiter unten) ungeeignet. Selbst wenn nun die Wunde geheilt wäre, würde die Schlange aus Mangel an Lebensthätigkeit und Muskelkraft nicht fressen können und geht auf diese Weise nach und nach zu Grunde. Eine Ausnahme könnte eintreten, wenn die Verletzung in einer Zeit geschieht, wo das Tier sich in gutem Ernährungszustande befindet und die Heilung eintritt, ehe sich ein weiteres Nahrungsbedürfnis geltend macht.

Das Auge leidet, wie schon oben erwähnt, an einigen Unvollkommenheiten. So klar, wie es im normalen Zustande erscheint, so blöde wird es bei herantretender Häutung, wo sich das Unvermögen des Sehens fast bis zur Blindheit erhöht. Aber selbst im normalen Zustande ist das Auge nicht besonders befähigt. Es ermangelt ihm nämlich die Eigenschaft, unbewegte Gegenstände unterscheiden den zu können. Es ist allerdings als fraglich hingestellt, ob dies am Auge oder an der geringen Auffassungsfähigkeit liegt und man hat als Beispiel verschiedene höhere warmblütige Tiere angeführt, denen trotz ihrer sonst scharfen Augen, erst dann gewisse Gegenstände zum Bewusstsein gelangen, wenn diese sich bewegen. Diesen Vergleich kann man aber auf alle mit Augen begabten Geschöpfe, beziehentlich auch den Menschen, anwenden, und es wäre eine irrige Schlussfolgerung, wenn man diese Thatsache auf Rechnung mangelnden Verständnisses oder geringer Auffassungsgabe setzen wollte; sie erscheint vielmehr als eine mehr oder weniger ausgeprägte allgemeine Unvollkommenheit des Auges selbst, welche bei den Schlangen ihren Höhepunkt erreicht. Zu dieser ausgeprägten fehlerhaften Augenbeschaffenheit gesellt sich noch eine bis jetzt wenig beachtete Kurzsichtigkeit, deren Vorhandensein allerdings weder bei den in der Freiheit lebenden, noch in unpassenden Käfigen gehaltenen Tieren nachweisbar ist. In meinem Terrarium habe ich, wie bereits in der Einleitung bemerkt, einen einige Meter hohen Berg, auf welchem sich die Ringelnattern sonnen; mir ist nun z. B. bekannt, dass sie fast alle nahrungsbedürftig sind; es werden einige hundert Frösche in den den Berg umgrenzenden Raum gelassen, dieselben versuchen zu fliehen und hüpfen lebhaft um den Berg herum, wahrscheinlich ohne wahrzunehmen, dass sie immer wieder an derselben Stelle ankommen, von wo aus ihr Spaziergang anfing, die Ringelnattern verhalten sich trotz ihrer schon lange vorher emporgehaltenen Köpfe, in welcher Stellung ihnen der Überblick des ganzen Terrains möglich ist, vollkommen ruhig — eine Folge ihrer Kurzsichtigkeit. Jetzt versuchen einige Frösche ihr Heil in der Erklimmung des Berges, doch kaum haben sie bis auf eine gewisse Nähe (etwa $1^1/_2$ m) das Gesichtsfeld der Schlangen erreicht, so entsteht augenblicklich eine Veränderung. Es fährt die eine oder andere plötzlich aus dem Knäuel heraus und auf den Frosch zu, welcher unter Umständen sofort gepackt wird. Derselbe lässt ein klägliches Schreien ertönen und nicht sowohl dieses als vielmehr schon das vorhergegangene plötzliche Herausschiessen der einen Schlange hat die ganze Gesellschaft in Allarm gebracht, welche nun lebhaft züngelnd nach allen Gegenden sich zerstreut und den Felsen verlässt, um den Fröschen nachzujagen, von deren Gegenwart sie jetzt erst Kunde erhalten haben. Eidechsen würden sich im gleichen Falle ganz anders benommen haben. Ein

Schmetterling genügt, sie von der äussersten Spitze des Berges bis an den entferntesten Punkt des Terrariums zu locken. Bei ähnlichen Gelegenheiten habe ich auch zu hundertmalen beobachtet, dass Schlangen in der unmittelbarsten Nähe ihrer Beute, und im vollsten Bewusstsein von deren Vorhandensein doch dieselbe durch das Gesicht nicht wahrnahmen, wenn der Frosch regungslos blieb. Der verfolgte Frosch sieht sich eingeholt, durch Instinkt und Erfahrung gewitzigt, weiss er, dass er beim nächsten Sprunge gefasst wird; die Schlange ist so nahe, dass beide sich buchstäblich ins Auge sehen, er zieht es klüglich vor, sich ruhig zu verhalten; die Schlange brauchte nur zuzubeissen, um ihren Zweck zu erreichen. Statt dessen züngelt sie den Frosch und ihre nächste Umgebung lebhaft an; manchmal wird dies dem Frosche doch zu unheimlich, und er riskiert den letzten Sprung, aber fast immer zu seinem Unglücke, denn er wird in diesem Falle in der Regel „abgefangen“; ist er hingegen vorsichtiger, so nimmt die Affaire einen für ihn günstigeren Verlauf. Die Schlange, beutegierig, wartet nicht sehr lange auf die Bewegung des Frosches, sondern fängt bald an ihre Nachforschungen auf ein weiteres Gebiet auszudehnen, und da kommt es sogar vor, dass sie über den Frosch wegkriecht, der sich die Sache ruhig gefallen lässt und abwartet, bis sich ein gewisser Zwischenraum zwischen ihm und seinem Todfeinde gebildet hat. Plötzlich macht er einen respektabeln Satz, als wenn er auf glühenden Kohlen gesessen hätte, aber immer in entgegengesetzter Richtung seiner Verfolgerin.

Derartige oder ähnliche Beobachtungen an Ringelnattern lassen es mir als bewiesen erscheinen, dass unsere Schlangen nicht blos kurzsichtig sind, sondern auch nur das Sehvermögen für sich bewegende Gegenstände haben; denn auch die zwei anderen Arten geben bei verschiedenen Veranlassungen hiervon genügendes Zeugnis.

Der Gehörsinn wird meistens unterschätzt, vermutlich wegen der unter den Schuppen liegenden kurzen Gehörgänge. Ich sehe davon ab, auf die indischen „Schlangenbeschwörer“, die vermittelst schriller Pfeifen oder Blasinstrumente verschiedene Schlangenarten, vorzüglich aber die Brillenschlange, zur Ausführung von wiegenden oder drehenden Bewegungen veranlassen, zu verweisen; denn bis jetzt ist man eher geneigt, dies auf Rechnung einer Täuschung vonseiten des Gauklers zu setzen als auf das in diesem Falle „musikalische“ Gehör der Schlangen, eine Ansicht, welcher auch ich mich anschliesse. Meine eigenen Beobachtungen hierüber sind einfacherer Natur. Bei Jagd auf Ringelnattern kommt es vorzüglich an solchen Stellen, wo man erfahrungsmässig den Aufenthalt der Tiere vermuten kann, darauf an, sich denselben so geräuschlos als nur möglich zu nähern. Das Auge mustert fast zollweise den Boden bis auf zehn Schritte weit vor sich, der Fuss sucht jedes dürre Blättchen zu vermeiden, nach jedem Schritte ein kurzes Halt. Die Expedition wird am besten von nur zwei Mann, die hintereinander hergehen, ausgeführt. Da erblickt z. B. der vordere auf eine Entfernung von vielleicht sechs bis zehn Schritten am Rande eines abschüssigen Teichdammes eine zusammengerollte Ringelnatter, den Kopf im Mittelpunkte des gezogenen Kreises, anscheinend ruhig schlafend. Er teilt dies seinem ihm auf dem Fusse folgenden Hintermanne durch Gesten mit und beide würden eigentlich ein Stück umzukehren haben, um unterhalb der anderen Seite des Dammes dem Lagerplatze des Tieres näher zu kommen und dasselbe durch Überschreiten jenes Dammes zu erreichen. Statt dessen tritt der eine auf einen dürren Ast. In den allermeisten Fällen richtet die Schlange das Köpfchen in die Höhe; zugleich erhält der ganze Körper durch das Anspannen der Muskeln eine zitternde Bewegung. Die beiden Jäger wissen, was das zu bedeuten hat und laufen schnell auf das Tier los; vergebens, es ist ins Wasser gegangen und findet hier mitunter gar nicht nötig, sich zu verbergen, sondern beobachtet seine Verfolger in ziemlich kurzer Entfernung von denselben, indem es an einem Schilfblatte Halt gewinnt.

In der Nähe von Wermsdorf bei Oschatz, auf dem

Wege von erstgenanntem Orte nach Dornreichenbach, kommt man an einem kleinen Landsee vorüber, dessen Uferrand sehr viel Ringelnattern bewohnen. Von der einzigen zugänglichen Seite wird derselbe von einem chaussierten Damme begrenzt, an dessen steilen Wänden unsere Tiere sich gern sonnten. Oft wiederholte vergebliche Versuche ihrer habhaft zu werden, liessen uns auf das Mittel verfallen, den Damm in Strümpfen zu passieren, um den durch den harten Boden und den nahen Wald erhöhten Schall unserer übrigens leichten und ganz langsamen Tritte zu vermeiden. Dies half.

Es ist wohl selbstverständlich, dass alle diese Umstände nicht gemacht würden, wenn nicht hunderte von Fällen die Praxis notwendig hervorgerufen hätten. Wer nur ein einziges Mal selbst auf die Jagd geht, muss dieselbe Beobachtung machen. Sperrt man eine Schlange ein und stellt überdies den Käfig in unmittelbare Nähe von bewohnten Zimmern, sodass das Tier fortwährend die verschiedensten Geräusche hört, so wird es allerdings schwer sein, Proben auf den Gehörsinn desselben zu machen, ganz abgesehen davon, dass die gewöhnlich sehr unpassenden Gefängnisse das Tier schon nach den ersten Tagen sehr stumpf und matt machen.

Die Thüre zu meinem Terrarium ist mit einem eisernen Riegel verschlossen, welcher eigens mit einem Hammer geöffnet werden muss. Sobald der erste Hammerschlag fällt, ist wahrzunehmen, dass die Töne den Schlangen zum Bewusstsein gekommen sind. Dass dies durch das Gefühl (Erschütterung des Bodens) geschehen sein könnte ist nicht nur in diesem, sondern auch in den vorhergehenden Beispielen ausgeschlossen.

Man wird also nicht fehl greifen, wenn man das Gehör dem Gefühl (soweit sich dasselbe als Tastsinn zeigt) als die zwei ausgebildetsten Sinne, an die Seite stellt, womit die Schlangen gewiss einige Arten höher gestellter Tiere übertreffen.

Der Geruch scheint fast gänzlich zu mangeln. Denn

abgesehen davon, dass starke, z. B. alkoholische Flüssigkeiten nahe an die Nasenlöcher gehalten das Tier gleichgiltig liessen, wird man nie bemerken, dass es die Nase, wenn man überhaupt diesen Ausdruck hier anwenden kann, zu irgend welchem Zwecke in Thätigkeit bringt. Hierzu kommt noch, dass das Tier in ganz unregelmässigen Zwischenpausen und ziemlich selten atmet. Soll es aber eine Geruchswahrnehmung machen, so müsste das Atmen durch die Nase geschehen, das Tier müsste schnüffeln. Eine derartige Eigenschaft ist aber bis jetzt noch nicht bemerkt worden und man kann wohl annehmen, dass die Nasenlöcher den einzigen Zweck haben, dem Tiere beim Verschlingen, wo der Luftverbrauch durch die Anstrengung ein erhöhter und die Mundhöhle von dem erbeuteten Opfer vollkommen verstopft ist, Luft zuzuführen.

Es bleibt noch der Geschmack übrig. Ich gehöre nicht zu denen, welche aus der Auswahl des Raubes, der Begierde der Verfolgung, oder des schnellen Hinunterwürgens auf das Vorhandensein desselben schliessen zu müssen glauben. Wenn man z. B. glaubt an einem und demselben Tiere die Beobachtung gemacht zu haben, dass es lieber Laubfrösche (*Hyla arborea*) als Wasserfrösche (*Rana esculenta*) frisst, muss man zu seiner Überraschung bei veränderten Umständen das Gegenteil wahrnehmen. Die Hast der Verfolgung, Ergreifung etc. steht ausserdem meistens mit dem Ernährungszustande der Schlange in engster Verbindung und die Auswahl unter der Beute wird meistens durch das Verhalten der Opfertiere selbst bedingt; auf keinen Fall aber würde eine willkürliche Auswahl auf Rechnung des Geschmackes, sondern vielmehr auf die des Tastsinnes zu setzen sein. Es bleibt somit nur eine genaue Betrachtung der Zunge übrig, die uns allerdings die Überzeugung von dem wahrscheinlich völligen Mangel des betreffenden Sinnes geben muss. Es fehlen ihr nicht nur die Geschmacksdrüsen, sondern sie ist, wie schon oben bemerkt, noch ausserdem mit einer verhältnismässig starken Hornhaut bedeckt; auch wird sie beim Fressen in eine

Scheide zurückgezogen, kommt also mit der aufgenommenen Speise kaum in Berührung.

Genau wie bei den Raupen, Spinnen u. s. w. infolge des fortschreitenden Wachstumes ein Ablegen der alten Haut sich nötig macht, geschieht dies auch bei den Schlangen. Die Haut löst sich, nachdem das Tier schon vierzehn Tage vorher träge und zunehmend kränklich sich gezeigt, an den Lippenrändern. Die losgelösten zwei Teile umstülpen sich in der Weise, dass der obere die Kopfbedeckung, der untere den Hals frei macht. Wenn eine Schlange in dieser Situation von einem Unkundigen erblickt wird, so wird er glauben, dass das Tier irgend eine Kopfbedeckung trägt, weil die vom oberen Teile des Kopfes abgelöste Haut so lange vertikal in die Höhe steht, bis die Häutung sich über den Hals erstreckt. Wahrscheinlich liegt in dieser Täuschung die Entstehung der Sage vom „kronetragenden Schlangenkönig“, die, mit allerhand belustigenden und abenteuerlichen Schnurren gewürzt, sich schwerlich aus den Köpfen der Landleute in den von Schlangen bewohnten Gegenden bringen lässt.

Sobald der Kopf frei ist, hilft sich das Tier entweder durch abwechselndes Andrücken des Rückens und des Bauches an Moos, Gesträuch, Steine oder überhaupt rauhe Gegenstände und man findet dann die Haut langgestreckt und an den zu Hülfe genommenen Gegenständen angeklebt oder eingeklemmt; mitunter aber wählt es eine Grasschlinge, ein von einer hervorragenden Wurzel gebildetes Loch u. dgl., durch welches es sich durchzwängt, dann bildet die abgestreifte Haut eine zusammengeschobene Düte. Immer aber kehrt sich die innere Seite nach aussen und erleichtert durch die an ihr haftende schnell antrocknende kleberige Feuchtigkeit den Häutungsprozess. Dieser Vorgang wiederholt sich n i c h t, wie ich in fast allen wissenschaftlichen Büchern finde, fast aller vier Wochen, sondern es kommt hierbei sehr viel auf das Alter des Individuums an. Richtig ist, dass man, vielleicht mit Ausnahme des Juli und der ersten Hälfte des August, während des ganzen

Sommers frische Schlangenhäute findet, das liegt aber an der verschiedenen Häutungszeit, die fast jedes einzelne Individuum hat. Ich beobachtete bis jetzt in der Regel zwei bei grösseren Exemplaren, drei bei mindergrossen, die letzte in diesem Falle im Spätherbste, wenn der Winter lange auf sich warten liess. Die Zeit der ersten Häutung beginnt ungefähr im Mai, die der zweiten etwa in der letzten Hälfte des August. Bei ganz jungen Tieren, die verhältnismässig schnell wachsen, liegt die Sache ganz anders. Kaum drei oder vier Tage geboren legen sie schon zum erstenmale die Haut ab und es vergehen sicher kaum vierzehn Tage, so geschieht dies zum zweitenmale. Wenn nicht durch Eintritt der kalten Witterung das Tier überhaupt in seiner Fortentwickelung gehemmt wäre, würde es wahrscheinlich in gleich kurzen Zwischenräumen noch mehrere Häutungen vollziehen.

Im normalen Zustande wird die Haut im Zusammenhange abgezogen, wobei der Teil, welcher die Augen bedeckte, sich deutlich durch zwei ziemlich durchsichtige, glasartige runde Flecke abzeichnet. Kranke Tiere häuten sich gar nicht, oder legen die Haut nur stückweise ab, am festesten hält die alte Haut in diesem Falle am Mittelpunkte des Rückens. Krankheitserscheinungen zeigen sich demnach am ehesten durch Trockenwerden und verminderte Geschmeidigkeit der Haut.

Die frischabgezogene Haut ist farblos, ziemlich zähe, dünn und mit feinem Seidenpapier zu vergleichen; die einzelnen Schuppen und Schilder sind ihrer Form nach gut zu erkennen, und somit kann die Gattung des Tieres durch die gefundene Haut leicht festgestellt werden. Schon nach wenigen Stunden trocknet dieselbe ein und wird spröde, erhält aber durch Befeuchten einen Teil ihrer früheren Zähigkeit wieder.

Von grösstem Einflusse auf das Thun und Treiben nicht nur aller Schlangen, sondern auch ihrer Ordnungsverwandten, der Eidechsen, ist die Temperatur. Es ist schon oben erwähnt, dass sie sich derselben so schnell anpassen als diese steigt und fällt, d. h. die Blutwärme wird bis auf ein geringes Mehr immer dieselben Wärmegrade zeigen, wie die sie umgebende Luft. Hieraus ergiebt sich zunächst, dass sie weder viel Kälte noch viel Hitze vertragen können. Die letztere Behauptung dürfte zunächst angezweifelt werden, da man bis jetzt allgemein angenommen hat, dass alle Schlangen mit grosser Vorliebe die sonnigen Plätze aufsuchen und sich hier erquicken. Die Erfahrung kann aber diese Annahme nur als relativ richtig anerkennen. Auch hier erreicht die „Erquickung" bald ihren Höhepunkt, und das Tier sucht unter überhängenden Zweigen und dergleichen Schutz. Bei Gelegenheit der Beschreibung der Jagd werde ich näher auf diesen Gegenstand eingehen. Was die Einwirkung der Kälte anlangt, so ist wohl anzunehmen, dass bei ausnahmsweise starken Wintern viele den Tod finden — Schlangen ertragen höchstens 1 Grad Kälte. Werden sie im Winterquartiere von stärkerem Froste erreicht, so gehen sie zu Grunde, da sie in dem Zustande der Steifheit nicht imstande sind, sich tiefer gelegene Wohnungen zu suchen.

Interessant ist aber die Beobachtung der Einwirkung der je nach der Jahreszeit schnell wechselnden Temperatur. Die Schlange kommt vielleicht schon anfangs März, abgemagert und matt an einem sonnenhellen Tage zum Vorschein, sucht sich ein sonniges Plätzchen und verweilt hier bis die Sonne sich neigt. Das Thermometer zeigt 6° R. im Schatten. Bleibt das Wetter die folgenden Tage unverändert, so wiederholt sie den Besuch, tritt kälteres Wetter ein, so bleibt sie je nach der Dauer desselben, vielleicht vier Wochen, weg. Inzwischen ist die Jahreszeit vorgerückt, die Sonne sendet ihre Strahlen wärmer; das Tier erscheint wieder, ohne jedoch grössere Lebendigkeit zu zeigen, es fängt aber bei längerem Liegen in der Sonne an, auf seine Umgebung zu achten und verrät bei Annäherung eines Menschen eine hohe Reizbarkeit, die wahrscheinlich durch das Bewusstsein seiner hülflosen Lage erzeugt wird, durch heftiges Zischen. Die Schlange wird endlich täglicher Gast ohne aber Nahrung zu sich zu nehmen. Erst wenn der Boden sich nach und nach erwärmt hat und die kalten Nächte nachgelassen haben, mithin das Tier in der Nacht sich nicht mehr bis zur Steifheit abkühlt, fängt es an, auf Raub auszugehen und bekommt seine ganze Geschmeidigkeit wieder.

Im Sommer hütet sich das Tier, bei kühler Witterung, etwa 12—14° R., sein Versteck zu verlassen, jedenfalls weil dasselbe wärmer ist, als die äussere Luft. Im Herbste tritt wieder das Gegenteil ein. So lange der Erdboden noch warm ist, bleiben die Tiere in ihren Verstecken. Wird derselbe aber durch Frost und kalten Regen erkältet, dann benutzen sie die wärmere Luft und kommen oft schon bei 5° R. zum Vorschein; allerdings sind sie dann steif und ungelenk in ihren Bewegungen, aber die schon oben genannte Reizbarkeit ist auch jetzt wieder vorhanden. Erst wenn anhaltende Kälte eintritt verschwinden sie, und es gehört eine geraume Zeit warmes Wetter dazu, sie hervorzulocken. Bei gelinden Wintern habe ich meine Schlangen im Terrarium in allen drei Wintermonaten gesehen, bei strengen und langen sind sie aber auch vom Oktober bis Ende März weggeblieben.

Bemerkenswert ist noch, dass auch im Herbste die Fresslust mit Eintritt der kalten Nächte verschwindet, entweder weil das Tier unter der Einwirkung der Kälte wenig Stoffwechsel erzeugt, oder durch seine tägliche oder vielmehr nächtliche Abkühlung die zum Fressen nötige Kraft und Energie verloren hat.

Mit dieser kurzen Schilderung habe ich zugleich den Winterschlaf beschrieben, der hiernach nicht ein für die Existenz des Tieres notwendiger Zustand ist, vielmehr von den Witterungsverhältnissen abhängt und (z. B. in südlichen Zonen) oft gar nicht eintritt. Aber auch in unserem gemässigten Klima kann man bei gelinden Wintern, wie schon bemerkt, unsere Tiere ausserhalb ihrer unterirdischen Wohnungen beobachten. Der Begriff „Winterschlaf“ bedarf daher einiger Modifikationen.

Die abnehmende Wärme lässt unsere Tiere, vermöge ihrer Eigenschaft, die eigene Blutwärme der äusseren Temperatur bis zu einem gewissen Grade anzupassen, zwar in einen bis zur Steifheit sich steigernden Zustand verfallen, die zunehmende Wärme übt hingegen die entgegengesetzte Wirkung. Ist die warme Witterung anhaltend genug, um sich bis in dem Schlupfwinkel des Tieres geltend zu machen, so wird sie dasselbe aus seiner Starrheit erlösen; es erscheint dann, der Wärme folgend, an der Oberfläche, legt sich vor den Eingang seiner Höhle und zieht sich erst mit Eintritt des Sonnenniederganges in sein altes Versteck zurück. Je nach den Witterungsverhältnissen kann sich das eben Geschilderte mehrmals wiederholen — der Winterschlaf somit leicht ein „unruhiger" werden.

Die Gefangenschaft ertragen fast alle Schlangen, passende Gefängnisse und Pflege vorausgesetzt, sehr gut. Die dazu verwendbaren Kästen brauchen weniger hoch als breit zu sein und werden von drei Seiten mit Drahtgitter umgeben. Soll der Kasten im Freien aufgestellt werden, so empfiehlt sich ein schräges Dach mit überstehenden aber zurücklegbaren Seitenkanten, welches den Käfig bei Regenwetter vor dem Durchnässtwerden schützt. Ein doppelter Boden mit etwa 10 cm Zwischenraum, der mit weichem Moos, welches von Zeit zu Zeit zu wechseln ist, bis über die Hälfte locker ausgefüllt wird, gewährt den Tieren Schutz gegen zu hohe Wärme und Kälte; die zwei Öffnungen zu diesem Hohlraume werden in den hintersten Winkeln angebracht. Der Badenapf wird durch Aussägen einer runden Öffnung im obersten Boden befestigt und gleichzeitig vertieft, die noch fehlende Differenz mit Erde ausgeglichen und so eine ebene Fläche hergestellt. Ein in den Napf gelegter rauhseitiger Stein erleichtert den kleineren Futtertieren (Fröschen, Molchen u. s. w.) das Verlassen des Napfes. Tropfsteine, Moos und dergleichen verschaffen dem Ganzen ein vorteilhaftes Ansehen und bieten gleichzeitig den Tieren passende Ruhe- und Versteckplätze. Dieses so hergestellte kleine Terrarium wird im Sommer möglichst dem Einflusse der Sonne und des Lichtes ausgesetzt. Im Winter hüte man sich, dasselbe in ein geheiztes Zimmer zu setzen. Ein ungeheizter, der Früh- oder Mittagssonne zugänglicher Raum, dessen Temperatur nicht unter Null sinken darf, entspricht dem Zwecke weit besser. Die so überwinterten Tiere werden mit Eintritt des Frühjahrs bald wieder frisch und lebenskräftig sich zeigen; in geheizten Zimmern überwinterte Exemplare erholen sich hingegen selten und gehen in der Regel im darauffolgenden Sommer zu Grunde.

Kreuzotter *(Pelias berus).*

Die Kreuzotter ist die einzige Giftschlange Deutschlands; ihr verdanken die übrigen Arten ihre gleichzeitige Mitverfolgung. Die alle Jahre sich wiederholenden Unglücksfälle durch den Biss der Kreuzotter und die Unbekanntschaft mit dieser Art sogar bei Leuten, die notgedrungen mit ihr in Berührung kommen müssen, hat die zu ihrer Vertilgung allerdings einfache Praxis zuwege gebracht, alle Schlangen totzuschlagen. Obgleich dies der menschlichen Bildung nicht besonders zur Ehre gereicht, ist es doch das sicherste Mittel, dieses höchst gefährliche Tier, wenn auch nicht in seiner sonstigen Verbreitung und Vermehrung zu hemmen, denn dazu gehören planmässig organisierte Vertilgungsmittel, so doch wenigstens in der unmittelbaren Nähe menschlicher Wohnungen seltener zu machen. Eine genaue Kenntnis der Kreuzotter ist aber für jedermann von höchster Wichtigkeit. Vorzüglich sollte jede Schule in der Lage sein, ihre Schüler nicht nur über den Charakter, die höllische Wirkung des Giftes, die vorläufige Behandlungsweise der Wunde u. s. w. zu belehren, sondern vor allen Dingen das Tier selbst in guten Weingeistpräparaten zum Anschauungsunterrichte bringen zu können. Weder eine genaue Beschreibung noch gute Abbildungen sind imstande irgend eine Schlange selbst bei der besten Fassungsgabe zur geistigen Vorstellung zu bringen, das Tier wird lebend immer anders aussehen; zudem ist der Anschauungsunterricht gerade in diesem Fache das einzige praktische Mittel, die seitens der Schüler diesem Gegenstande gewöhnlich entgegengebrachte Teilnahmslosigkeit in höchstes Interesse zu verwandeln. Auch kommt es in der Praxis darauf an, das lebende Tier sofort unterscheiden zu können, da gegebenenfalls wenig Zeit und Gelegenheit übrig bleiben dürfte, eine vergleichende anatomische Untersuchung der theoretisch angelernten Merkmale vorzunehmen.

In den letzteren Jahren hat sich das Interesse, wenigstens für unsere einheimischen Reptilien und Amphibien, erfreulicherweise gesteigert und verbreitert. Die Pflege von Aquarien ist bereits in den besseren Volksschulen hier und da eingeführt; ja nach der Sächsischen Schulzeitung, 1880, Nr. 37 beschloss der Dippoldiswalder Bezirkslehrerverein unsere Schlangen als Anschauungsmittel in den Schulen einzuführen. So lobenswert dieser Beschluss ist, der in seiner Ausführung noch ausserdem zur direkten Verminderung der Kreuzotter beitragen muss, so vorsichtig sollte derselbe zur Ausführung gebracht werden. Ich meine nämlich, dass eine genaue Kenntnis der Kreuzotter das Erste sein muss, was den Schülern zur Aufgabe gemacht wird. Aus Erfahrung weiss ich, dass das Abenteuerliche, Mystische und Unbekannte, worin im Volke die Vorstellung über Schlangen gipfelt, das Knabengemüt eher anzieht als abschreckt, — es erscheint ihm als heldenmütig, furchtlos Schlangen in die Hände zu nehmen. Der eine thut's dem anderen zuvor; ich habe nicht selten Knaben von zehn bis zwölf Jahren im Walde schlangensuchend angetroffen, welche keine Ahnung von dem möglichen Vorkommen, geschweige denn eine specielle Kenntnis der Kreuzotter selbst besassen. Wird die geschilderte Neigung durch die Schule noch verstärkt, so erscheint es um so dringlicher, den Anschauungsunterricht unter allen Umständen mit Vorführung der Kreuzotter zu beginnen.

Es wird vielfach angenommen, dass die Kreuzotter ihren Namen zwei am Kopfende stehenden halbbogenförmigen dunklen Flecken, die Ähnlichkeit mit einem Kreuze haben sollen, verdanke. Abgesehen von den ihr sonst noch zugelegten Namen (Kupfer-, Höllen-, Feuernatter) erklärt sich die Benennung „Kreuzotter“ mit grösserer Wahrscheinlichkeit durch einen auf der Mitte des Rückens (des Kreuzes) verlaufenden zackenbandartigen Streifen; auch die Kreuzkröte (*Bufo calamita*), welche sich durch einen hellen Rückenstreifen auszeichnet, wird durch denselben ihren Namen erworben haben. Übrigens sei noch bemerkt, dass die erwähnten bogenartigen Flecke nicht entfernt einem Kreuze ähneln.

Es wäre unnütze Mühe, die Färbung unseres Tieres zu beschreiben, sie richtet sich im wesentlichen, wie bei allen Schlangen, nach der Häutung und nach der Bodenbeschaffenheit ihres Schlupfwinkels und sonstigen Umgebung. Jedenfalls ist aber die Kreuzotter mehr als jede andere Schlange für diese Einflüsse empfänglich, denn eine gleiche Verschiedenheit in der Färbung des Grundtones wiederholt sich bei keiner ihrer Ordnungsverwandten. Unter zehn Exemplaren wird man kaum zwei gleichfarbige finden. Die Männchen erscheinen in der Regel in hellerem Kolorit, die dunklere Farbe der Zeichnungen sticht von demselben grell ab und die hellen am Kopfe vorkommenden Schildchen fallen ziemlich ins Weissliche. Der düstere Grundton des Weibchens macht dessen noch tiefere Zeichnungen oft kaum erkennbar. Je nach der vorhergegangenen Häutung kann aber auch der vollkommene Gegensatz bezüglich der Färbung zwischen beiden Geschlechtern eintreten. Die bevorstehende Häutung übt beispielsweise auf die Farbe der Bauchschilder einen derartigen Einfluss, dass sie von schwarz allmählich in ein mattes Hellblau übergeht; die Färbung der übrigen Körperteile verliert ihren bestimmten Charakter und zeigt sich in verschwimmenden dunklen Tinten. Dass besonders die Kreuzotter einem so auffallenden Farbenwechsel unterliegt, mag einerseits an ihrem grösseren Anpassungsvermögen, andererseits aber auch an der sich schon sehr zeitig geltend machenden Häutung liegen. Die Beeinflussung der Hautfarbe durch die bald eintretende Häutung kommt nämlich dadurch zustande, dass die abzustreifende Haut in steigendem Maſse ihren Zusammenhang mit dem Körper verliert und dadurch farblos wird, beziehentlich die Farbe der neuen Haut durchscheinen lässt. Durch das Präparieren in Weingeist habe ich bemerkt, dass bei der Kreuzotter diese allmähliche Loslösung der alten Haut viel eher als bei anderen Schlangen ihren Anfang nimmt und hierin eine natürliche Erklärung der variierenden Farbentöne gefunden.

Das sichtbarste und auffallendste Kennzeichen der Kreuzotter ist ein schon erwähntes, meist deutlich sich von der Grundfarbe abhebendes, vom Halse bis zur Schwanzspitze verlaufendes dunkles Zackenband. Die Zeichnung desselben ist zwar unregelmässig, die äusseren Spitzen stumpfen sich mitunter rund ab oder bilden, jeseitig zusammenfliessend, an einzelnen Stellen ein quer über den Rücken liegendes verschobenes Viereck mit nicht scharf liniierter, sondern eher gefranzter Abgrenzung, aber alle diese mitunter zahlreichen Verschiedenheiten lassen sich erst bei genauer Untersuchung auffinden und vermögen nicht dem Gesamteindrucke, der den Streifen als ein regelmässiges im Zickzack verlaufendes Band erscheinen lässt, Abbruch zu thun.

Die Kopfform ist ein längliches Dreieck mit nach vorn sanft abgerundeter Schnauzenkante. Der Kopf erscheint durch seine scharfkantig abfallenden Seitenränder und durch eine in der Stirngegend befindliche Vertiefung flachgedrückt. In seinem hinteren Teile am meisten in der Breite entwickelt, setzt er sich von dem verhältnismässig schwachen Halse deutlich ab.

Die Kopfbedeckung ist durch die kleinen Schildchen, von denen die zwei die Augen überragenden Brauenschilder und das zwischen denselben liegende Schläfenschild die grössten sind, charakteristisch. Unterhalb dieser drei den Raum zwischen beiden Augen ausfüllenden Schildchen gruppieren sich drei und vor diesen wieder zwei einhalbmal kleinere. Diese fünf kleinen Schildchen werden von sechs gleichgrossen aber gewöhnlich heller gefärbten Schildchen umrahmt, welche in einem den Oberkieferrand abschliessenden Halbbogen aufgestellt sind. Mit Ausnahme dieser letzteren sind die den oberen Teil des Kopfes bedeckenden Schildchen, mindestens an ihren Rändern, unregelmässig und verschwommen schwärzlich gefärbt, sodass fast jedes einzelne Exemplar auf seiner vorderen Kopfhälfte eine unbestimmbare verwischt erscheinende Zeichnung trägt.

Die sich ziemlich scharfkantig absetzenden Seitenränder des Kopfes haben zwei immer vorhandene und gut markierte Erkennungszeichen: 1) die den oberen Rand des Mundes umsäumenden nach hinten zu sich vergrössernden und bis in den Mundwinkel hinziehenden Lippenschilder, welche bei geschlossenem Munde des Tieres durch ihre von ganz schmalen schwarzen Strichen unterbrochene gelbliche Färbung wie fletschende Zähne erscheinen, 2) einen jeseitigen an den Augen beginnenden, etwas bis über das Kopfende reichenden nicht egal breiten Streifen, der sich vom Halse ab in eine Reihe sternförmiger Punkte, die in ihren Zwischenräumen den stumpfen Winkeln des horizontal über ihnen liegenden Zackenbandes entsprechen, auflöst. Auch das zahlreiche Auftreten kleiner Schuppen am Vorderteile des Kopfes, vorzüglich zwischen den Augen und den ziemlich grossen Nasenlöchern sowie zwischen den ersteren und den Lippenschildern (ein Raum von ungefähr $1^1/_2$ mm) kommt nur bei der Kreuzotter vor.

Die bogigen Streifen, am Hinterkopfe beginnend und einen Teil des Halses bedeckend, durch welche das Tier seinen Namen erhalten haben soll, sind nicht immer vorhanden, oder auch verschieden in Form und Grösse; manchmal vereinen sich dieselben mit den von den Augen kommenden Streifen und bilden dann mit diesen an der Verbindungsstelle einen stumpfen Winkel. Bei typischen Exemplaren haben sie die Gestalt von zwei halben Hufeisen, die mit ihren Anfangsteilen ziemlich zusammenstossen und deren äusserer Bogen gegeneinander gestellt ist.

Das katzenartige vom überstehenden Brauenschild geschützte Auge, dessen senkrecht stehender Stern im Lichte sich zusammenzieht und in der Dunkelheit erweitert, charakterisiert die Kreuzotter als Nachttier. Gleichwohl ist kein trifftiger Grund vorhanden, anzunehmen, dass ihre Sehkraft am Tage hinter der ihrer Ordnungsverwandten zurückstehe.

Die Körperform weicht in verschiedenen Beziehungen von der der giftlosen Schlangen bedeutend ab. Die Körpermitte ist breiter als hoch, nimmt von hier sowohl nach dem Halse, wie nach dem Schwanze, der sich unmerklich ansetzt, auffällig ab und verleiht dadurch dem Tiere ein plumpes Aussehen. Der kurze kegelförmige Schwanz endet in einer stumpfen harten Spitze. Das Männchen ist stets schmächtiger und verrät viel weniger die von der Körpermitte ausgehende Dickeabnahme; der Schwanz ist etwas länger und beansprucht ein Sechsteil, der des Weibchens ein Achtteil der Gesamtlänge des Tieres.

Die berüchtigten hohlen Giftzähne erhalten ihr Gift von einer schon hinter dem Auge beginnenden langgestreckten Drüse, auf deren Mündung die durchbohrte Zahnwurzel aufsitzt und den Durchfluss des Sekrets in den Zahn vermittelt. Die Giftzähne haben ungefähr die Form eines Bienenstachels, sind hakenförmig nach hinten gebogen, an ihren Spitzen zweiteilig, bei ausgewachsenen Exemplaren etwa 4 mm lang und ruhen im normalen Zustande in einer wulstigen Zahnfleischmasse. Beim beabsichtigten Gebrauche derselben streckt das Tier den beweglichen Oberkiefer nach vorn und bewirkt dadurch, vermöge einer besonderen Muskeleinrichtung, das Aufrichten der Todeswaffen. Sie stehen, jeseitig einer, ziemlich am Rande des Oberkiefers; nicht selten findet sich auch auf der einen oder anderen Seite ein zweiter gleicher Zahn, der bei etwaigem Verluste als Ersatz eintritt. Überhaupt ist Reproduktion der Giftzähne nicht nur der Kreuzotter, sondern allen Giftschlangen eigen; abgeschnittene oder ausgerissene Zähne ergänzen sich sehr bald und es findet eine fortwährende Neubildung der Giftzähne statt, da sie dem Tiere zur Existenz unbedingt notwendig sind, ihr Verlust aber leicht eintreten kann.

Der Biss wird schlagartig ausgeführt; die hierbei angewandte Bewegung des Vorderkörpers geschieht in ähnlich schneller Weise, wie die Katze die Pfoten zum Angriff verwendet. Der Schlag trifft sicherer, wenn das Tier tellerartig zusammengerollt ist, und es vermag auch auf diese Weise eine ziemliche Entfernung um sich herum zu beherrschen. Es schlägt, von mehreren Seiten zugleich geneckt, mit gleicher Leichtigkeit und Sicherheit nach den verschiedensten Richtungen, zieht sich aber nach jedem Schlage schnell wieder in seine gedeckte Stellung, die Tellerform, zurück. Diese Stellung wird dem Tiere gleichsam zu einer beweglichen kleinen Festung, welche es nur gezwungen aufgiebt, wahrscheinlich wohlwissend, dass es anderenfalls viel weniger verteidigungsfähig ist. Hat man es zur Aufgabe der beschriebenen Stellung gezwungen, oder befindet sich das Tier überhaupt in einer gestreckten Lage, so sind die Schläge unsicher und schwerfällig, oft auch auf das Geratewohl, sodass es in blinder Wut nicht selten sich selbst oder nach seinem eigenen Schatten beisst. Die Bisswunde markiert sich im nackten Fleische durch zwei nadelstichähnliche, je nach der Grösse der Schlange 6 bis 10 mm von einander entfernte meist unblutige Ritzen. Die Zähne dringen höchstens 2 bis 3 mm tief ein, wirken aber je nach der Gewalt des Schlages durch stossförmiges Andrücken an die sie speisenden Giftdrüsen spritzenartig.

Die Wirkung des Giftes hängt allerdings von der Beschaffenheit des Tieres und der Witterung ab, aber selbst unter den günstigsten Umständen wird eine Verwundung immer von schlimmen meist langedauernden Folgen begleitet sein. Bei heisser Jahreszeit kann der Biss einer Kreuzotter in weniger als einer Stunde dem kräftigsten Manne den Tod bringen. Kleine Vögel sind nach erhaltenem Bisse unfähig aufzufliegen, gebissene Mäuse kommen bei etwaigem Fluchtversuche nicht über das Gesichtsfeld ihrer Mörderin hinaus. Etwas weniger wirksam ist das Gift, wenn das Tier durch vorangegangene Anwendung seiner Waffen die Giftdrüsen teilweise entleert hat. Immerhin bieten die letzteren Zufälligkeiten einen schlechten Trost und man wird gut thun, sich immer auf den schlimmsten Fall zu rüsten.

Das Gift zeigt sich als solches durch seine blutzersetzende Wirkung, ist demnach auch warmblütigen Geschöpfen, wegen ihres beschleunigten Blutumlaufes, weit gefährlicher. Früher nahm man an, dass in den Magen gebrachtes Schlangengift ohne schädliche Folgen sei. In neuerer Zeit hat man sich vom Gegenteile überzeugt und gefunden, dass durch Verschlucken desselben nicht nur Hals- und Magenschmerzen, sondern auch Störung der Sinnesthätigkeit hervorgerufen wird. Trotzdem ist wohl anzunehmen, dass nur dann das Leben ernstlich durch Schlangengift bedroht wird, wenn das Gift sich direkt mit dem Blute verbindet. In diesem Falle ist, wie schon bemerkt, seine Wirkung eine überaus schnelle und intensive. Das Opfer fühlt sofort nach erhaltenem Bisse einen sich blitzschnell durch den Körper fortsetzenden, schwer zu beschreibenden Schmerz, hierauf schnell zunehmende Ermattung, wiederholte Ohnmachten, brennenden Durst, zuweilen Erbrechen und Durchfall. Im späteren Verlaufe rapide Abnahme der Gehirnthätigkeit, Krämpfe, abwechselnde Bewusstlosigkeit, Anschwellen und Dunkelwerden der der Wunde naheliegenden Körperteile, anhaltende furchtbare Schmerzen, die erst kurz vor dem Tode nachlassen. Die Symptome sind übrigens nach Art der Verletzung, der Menge des eingedrungenen Giftes, der Individualität des Leidenden und der vorhergegangenen Behandlung der Wunde sehr verschieden. Gelangt das Gift durch den Biss unmittelbar in eine Hohlvene, so ist der Tod fast unvermeidlich und erfolgt möglicherweise in der ersten Viertelstunde.

Von all den zahllosen Mitteln gegen Schlangengift hat bis jetzt trotz sorgfältigster Untersuchung kein einziges als zuverlässig erkannt werden können. Viel, oder vielleicht alles, kommt darauf an, dass die Wunde sofort nach der Verletzung zweckmässig behandelt wird. Man hat zunächst zu verhüten, dass das durch die zwei kleinen unscheinbaren Wunden eingespritzte Gift nicht mit dem nach dem Herzen zurückfliessenden Blute weiter in den Körper vordringt. Dies geschieht durch Unterbinden der Wunde mit einem Bande oder Bindfaden und nötigenfalls unter Anwendung eines Knebels. Eine zweite und dritte Unterbindungsstelle wird, möglichst nahe der ersteren, weiter oberhalb angebracht. Hierauf wird ein kräftiger Schnitt quer durch die vergiftete Stelle geführt und lässt dann die Wunde ausbluten. In Ermangelung eines Messers binde man bis zu dessen Erlangung einen harten Gegenstand (ein Steinchen, Geldstück) auf die Bisswunde, um die Blutzirkulation an dieser Stelle möglichst zu beschränken. Das Aussaugen der Wunde mit dem Munde, gesunde Zähne vorausgesetzt, ist mindestens ebenso nützlich, als das Aufschneiden, wird sich aber nicht immer ausführen lassen; auch das Ausbrennen verbietet sich von selbst, da wohl in den seltensten Fällen am Unglücksorte die hierzu nötigen Hülfsmittel (glühendes Eisen, Höllenstein u. s. w.) vorhanden sein dürften.

Die bis jetzt empfohlenen innerlich anzuwendenden meist vegetabilischen oder mineralischen Gegengifte haben wie bereits bemerkt, nur wenige oder gar keine günstigen Resultate aufzuweisen. Demgegenüber besitzen wir aber in der Anwendung von Alkohol oder Weingeist ein Präservativ, welches bereits seit den ältesten Zeiten bei allen von Giftschlangen heimgesuchten Völkern in Anwendung gebracht und in neuerer Zeit auch von unseren Aerzten empfohlen wird. Es ist ziemlich gleichgültig, in welcher Form (Wein, Rum, Branntwein) der Alkohol genossen wird, die Hauptsache ist, dass der Patient so viel als ihm möglich in oft wiederholten nicht zu grossen Raten denselben zu sich nimmt. Es schadet durchaus nichts, wenn dieses Verfahren zu einem derben Rausche führen sollte, der übrigens bei den Gebissenen nur sehr schwer eintreten wird. Dem Alkohol soll hierdurch keineswegs die Eigenschaft zugesprochen werden, dass er das Schlangengift zersetze oder als Gegengift wirke, er wird vielmehr blos die durch das

Gift erzeugte Lähmung der Nerven- und Muskelthätigkeit paralysieren, die organische Thätigkeit erhöhen, dem Patienten Lebensmut einflössen u. s. w. Das Mittel empfiehlt sich ausserdem durch seine schnelle Wirkung und dadurch, dass es leicht zu beschaffen ist.

Die Genesung geht in der Regel nur langsam vor sich. Wenn die Todesgefahr längst vorüber ist, schleppt sich der Rekonvalescent noch wochen- und monatelang mit einem kranken Körper. Selbst nach Jahren treten, besonders bei Witterungswechsel, Schmerzen in den beteiligt gewesenen Gliedmafsen ein, und periodische Lähmungen gehören durchaus nicht zu den Ausnahmefällen.

Leichter als die Heilung ist der Schutz gegen eine Verwundung. Schon die leichtesten Schaftstiefeln, ohne welche man im Walde nie die geebneten Wege verlassen sollte, bieten genügende Sicherheit gegen das Durchschlagen der Giftzähne. Ausserdem ist allen, die sich im Walde oder dessen Nähe aufhalten, bei den verschiedensten Gelegenheiten die grösste Vorsicht anzuempfehlen. Man untersuche, ehe man sich niederlässt, den Waldboden und die nächste Umgebung, pflücke oder hebe nichts vom Boden, ohne ihn vorher mit Fuss oder Stock untersucht zu haben. Gegenüber einer aufgefundenen Kreuzotter unterlasse man jede leichtfertige Bravour, vorzüglich lasse man sich nicht durch die Kleinheit des Tieres zu geringerer Vorsicht verleiten. Ein mässig geführter Hieb mit einem leichten Stöckchen genügt, ihr das Rückgrat zu zerschmettern und sie für die Zukunft unschädlich zu machen; augenblicklich aber ist das Tier trotz seiner Verstümmelung noch höchst gefährlich und bleibt es bis zur vollständigen Vernichtung des Kopfes und seiner Gifthaken.

Bei meinen Exkursionen schnitt ich bisweilen eingefangenen Kreuzottern den Kopf ab, um meinen Begleitern die Beschaffenheit der Giftzähne zu demonstrieren. Ich hielt den abgeschnittenen Kopf mit der linken Hand an dem übriggebliebenen Halsstummel und versuchte mit der rechten den Rücken einer Messerklinge zwischen die beiden Kiefern zu zwängen, um dadurch das Aufsperren des Maules zu erzwingen. Gewöhnlich erfolgte dies in einer für meine Begleiter unerwarteten Weise: der Kopf biss plötzlich mit solcher Gewalt zu, dass man das Aufschlagen der Zähne auf die Messerklinge deutlich hören konnte. Nach diesem Bisse erfolgten schnell hintereinander mehrere krampfhafte Versuche, die Messerklinge zu durchbohren, wobei das stossweise Ausfliessen des Giftstoffes leicht zu beobachten war, bis ich endlich meinen Zweck, die Giftzähne vor die vertikal gestellte Messerklinge zu bringen, erreicht hatte. Der Kopf handelte bei diesen Gelegenheiten nach meiner Überzeugung, wenn auch nicht überlegend, so doch mindestens bewusst; er suchte z. B. mit den Giftzähnen über die Schnauzenkante hinweg die ihn haltenden Finger zu erreichen, wechselte sogar mit der linken und rechten Seite, je nachdem ihm der veränderte Fingersatz die günstigere Chance zu bieten schien. Die drohenden unheimlich blickenden Augen hatten ihre volle Klarheit und Sehschärfe behalten, denn der Kopf versuchte nach der Seite zu beissen, von welcher man ihm Gegenstände nahe brachte.

Aus alledem geht zur Genüge hervor, dass das Tier erst mit Vernichtung des Kopfes unschädlich wird, denn derselbe könnte noch nach Wochen seines Absterbens Unheil anrichten, wenn z. B. ein nackter Fuss sich an den Giftzähnen verletzt und dadurch das angetrocknete Gift aufweicht, das nun seine Gefährlichkeit ungeschmälert wiedererhält.

Zur Ausrottung dieser gefährlichen Tiere werden vielfach nächtliche Feuer empfohlen, um sie durch den Schein desselben anzulocken und dann totzuschlagen; ebenso auch Aufsuchen mit Laternen durch möglichst viel Personen. Beide Mittel mögen an sich gut sein, sie setzen aber eine übergrosse Häufigkeit dieses giftigen Gewürmes voraus. Obgleich die Kreuzotter fast überall in Deutschland vorkommt, findet man sie doch immer nur verstreut oder höchstens pärchenweise (im Frühjahr); sie lieben die Geselligkeit nicht und scheinen sich eher aus dem Wege zu gehen. Diesem Umstande zufolge erscheinen die obigen Mittel ziemlich wirkungslos. Denn von weither lassen sich die Tiere weder durch Feuer noch durch Laternen, selbst die Anziehungskraft des Lichtscheines zugestanden, anlocken; es dürfte sich meines Erachtens um nicht mehr als höchstens 150 Schritte handeln. Um ein verhältnismässig so kleines Terrain zu säubern sind aber weniger Umstände nötig; es genügt ein paarmaliges Absuchen bei günstiger Witterung und Tageshelle.

Ich habe oft beobachtet, dass die deutschen Schlangenarten ihren einmal gewählten Schlupfwinkeln, so lange nicht die äussere Umgebung sich ändert oder Futtermangel eintritt, treu bleiben. Vor allem gilt dies von der Kreuzotter. Häufig habe ich auf die blosse Beschreibung des Ortes in einer mir sonst bekannten Gegend das schon vor längerer Zeit von irgend einem Landmanne bemerkte Tier aufgefunden und gefangen. Auch habe ich an besonders schwer zugänglichen Stellen alljährlich ein und dasselbe Tier gesehen und beobachtet. Berücksichtigt man weiter, dass nur einige Erfahrung dazu gehört, mit ziemlicher Gewissheit bestimmen zu können, wie das Wetter beschaffen sein muss, und welche Tageszeit die günstigste ist, um das Tier ausserhalb seines Versteckes zu finden, so erscheint es gewiss glaubhaft, dass schon ein einzelner Mann in verhältnismässig kurzer Zeit imstande sein wird, ein ziemlich bedeutendes Terrain von diesem giftigen Ungeziefer zu befreien, vorausgesetzt, dass er die Schlangenjagd berufsmässig betreibt und dabei systematisch verfährt.

In Deutschland fallen der Kreuzotter genug Menschen zum Opfer, um ein Einschreiten der Behörden zum Zwecke ihrer Vertilgung wünschenswert und notwendig erscheinen zu lassen. Die Einführung unserer deutschen Reptilien und Amphibien zum Anschauungsunterrichte in den Volksschulen bietet in vielfacher Beziehung hierfür ein geeignetes Mittel: Die Kenntnis der Kreuzotter und ihrer Gefährlichkeit würde nicht nur die Vorsicht schärfen, sondern auch zur Vernichtung der Tiere beitragen; der Bedarf für unsere zahlreichen Volksschulen würde den Tieren einen materiellen Wert verleihen, der bald genug die Veranlassung ihrer gründlichen Verfolgung werden würde. Zugleich würde durch Annahme dieses Vorschlages in der Bildung der heutigen Generation eine Lücke ausgefüllt, durch deren Beseitigung einerseits manches Unglück verhütet, andererseits aber auch der unsinnigen und rohen Vertilgung von Millionen ausnahmslos nützlicher Tiere Einhalt gethan werden könnte. Der Einwand, dass die Schule schon jetzt durch Handhabung des Notwendigsten überbürdet, und dass die Kenntnis der Reptilien und Amphibien eines Studiums bedürfe, zu welchem die Schule ungeeignet sei, wird durch die Erwägung abgeschwächt, dass es sich hier durchaus nicht um verwickelte Klassifizierungen oder umfängliche anatomische Kenntnisse der einzelnen Tiersippen handeln soll. Vielmehr würde eine kurze Lebensbeschreibung der einzelnen Tiere in Bezug auf Fortpflanzung, Ernährung, Winterschlaf, Schädlichkeit oder Nützlichkeit vollkommen genügen. Erleichtert wird die Aufgabe noch durch die Gleichartigkeit der Lebensgewohnheiten verschiedener Arten, vorzüglich bei den Amphibien — und ausserdem ist ja unsere deutsche Fauna, zumal wenn man die nur in den Grenzgebieten vorkommenden Arten ausscheidet, nicht so umfassend, dass sie nicht mit Hülfe von Anschauungsmitteln mit Leichtigkeit zu übersehen und kennen zu lernen wäre.

Die Hauptnahrung der Kreuzotter besteht in Mäusen und sie zeigt insofern wenigstens einen wenn auch sehr geringen Nutzen; obgleich sie sehr gefrässig ist und beispielsweise drei bis vier Mäuse auf eine Mahlzeit hinabwürgt, braucht sie doch mehrere Wochen zu deren Verdauung. Sie frisst aber auch Maulwürfe, Frösche und sogar kleine Vögel. Ich habe einmal einen Finken, ein anderesmal einen anderen hartschnäbeligen Vogel, der bis auf das Kopfskelett bereits verdaut war, in einer Otter gefunden. Beide Fälle beweisen, dass sie nicht blos des Nachts auf Raub ausgeht, vielmehr auch am Tage gelegentlich Beute macht. In der Gefangenschaft ist sie sehr schwer zum Fressen zu bewegen; trotzdem wird von verschiedenen Autoren das Gegenteil behauptet. Alle mir persönlich bekannten Schlangenzüchter stimmen mit mir in der Ansicht überein, dass die Kreuzotter, ganz seltene Ausnahmen zugestanden, in der Gefangenschaft nicht frisst und demzufolge sich nicht häutet und ebensowenig gebärt. Zahlreiche Versuche ergaben immer wieder das gleiche Resultat. So hielt ich z. B. ein Kreuzotterpaar fünf Monate in einem halb mit Moos und Erde gefüllten Glasballon, den ich in einer geschlossenen Gartenlaube, wo Luft und Sonne genügend Zutritt hatten, vor jeder äusseren Störung schützte. Zwei halbwüchsige Feldmäuse und zwei halbgrosse Wiesenfrösche bildeten die Opfertiere. Sie gewöhnten sich sehr bald nicht nur an ihre gefährliche Gesellschaft, sondern auch an mich, ihren Pfleger. Vorzüglich zeigten die Mäuse gleich vom ersten Tage an eine grosse Dreistigkeit oder besser Nichtbeachtung ihrer Todfeinde; sie liefen auf ihnen herum, über sie hinweg, gruben Löcher, die später sogar von den Schlangen mitbenutzt wurden, und blieben trotz alledem unbehelligt. Ähnlich betrugen sich die Frösche. Um sie zu grösserer Lebhaftigkeit zu zwingen, fütterte ich sie vorzüglich mit Fliegen, die sie springend erbeuteten und dabei manchmal einer Kreuzotter unerwartet auf den Kopf sprangen, aber auch sie entgingen ihrem beabsichtigten Schicksale. Ich vertauschte die Feldmäuse mit weissen Mäusen, ohne einen anderen Erfolg zu erzielen. Die Schlangen magerten nach einigen Monaten ab, ohne sich zu häuten und starben im Herbste.

Bis jetzt ist mir die Fütterung trotz der mannigfaltigsten Versuche n i c h t gelungen, doch hoffe ich durch Anlegen eines grösseren n a t u r g e m ä s s e r e n Gefängnisses bessere Erfolge zu erzielen, die ich seiner Zeit zu veröffentlichen gedenke. Mein Terrarium würde unzweifelhaft zu dem genannten Zwecke ausreichen, es ist aber nicht derart gebaut, um Mäuse, Maulwürfe u. s. w. vollkommen sicher darin zu halten.

Zur grösseren Bestätigung, wie schwer es hält, Kreuzottern in der Gefangenschaft zum Fressen zu bringen, beziehe ich mich noch auf das Berliner Aquarium, welches in seinem Kataloge S. 10 folgendes bemerkt: „Da dieselbe (Kreuzotter) in der Gefangenschaft nicht frisst, hält sie sich in der Regel nur während des Sommers.“ Die dortigen Schlangenkäfige lassen in Bezug auf Grösse nichts zu wünschen übrig, hingegen fehlt alles andere, was den Tieren einigermaſsen die Freiheit ersetzen könnte: Erde, Pflanzen, vorzüglich frisches Moos, Versteckplätze, Morgentau, Sonne u. s. w.

Die Paarung beginnt bei günstigem Wetter Anfang April und dauert bis Mai. Wahrscheinlich genügt zur Befruchtung wie bei den anderen deutschen Schlangen eine einmalige Begattung. In dieser Periode findet man zuweilen ein Pärchen gesellig sich sonnend neben einanderliegen, während sie in vorgerückterer Jahreszeit immer nur einzeln angetroffen werden. Der Begattungsakt ist sowohl während des Abends und Nachts als auch am Tage beobachtet worden. Der genaueren Untersuchung bedarf jedoch die Annahme, nach welcher sich verschiedene Pärchen zu diesem Zwecke vereinen und in „wunderbaren Verschlingungen“ stunden- oder nachtlang in diesem Zustande verharren. Meine Beobachtungen an Ringelnattern und Schlingnattern geben in Bezug hierauf vielleicht einige Aufklärung. Beide Arten liegen oft in Klumpen oder Haufen verschlungen durcheinander, dabei kommt es vor, dass irgend ein Pärchen unbekümmert um die übrigen den Begattungsakt ausübt. Bei nur oberflächlicher Untersuchung kann es nun allerdings erscheinen, als ob der ganze Haufen beteiligt sei, es genügt aber eine geringe Beunruhigung, um die ganze Gesellschaft, mit Ausnahme des zusammenhängenden Pärchens, zum blitzschnellen Auseinanderfahren zu veranlassen. Das klumpenweise Zusammenliegen geschieht überhaupt nicht aus Geselligkeit oder geschlechtlichen Veranlassungen, sondern wird durch die Örtlichkeit bedingt, z. B. ein einziges sonnenhelles, weiches Plätzchen, welches alle Tiere gleichzeitig benutzen wollen. Übrigens überschätzt man sehr leicht die Zahl der einen solchen „Haufen“ bildenden Schlangen und ausserdem ist die Geneigtheit zu Übertreibungen gerade auf diesem Gebiete am meisten vorherrschend.

Ende August bis Anfang November bringt das Weibchen drei bis zehn in Blasen gehüllte Junge zur Welt, welche ihre Hülle sofort zersprengen und sich nach einem passenden Schlupfwinkel umsehen, unbekümmert um Geschwister und Eltern, die auch ihrerseits keine Notiz von einander nehmen. Die Jungen nähren sich jedenfalls von ihrer Grösse (7—8 Zoll) entsprechenden kleinen Fröschen, Molchen u. s. w.; sie bringen die Giftzähne mit zur Welt und wissen jedenfalls auch den richtigen Gebrauch davon zu machen. Die Häutung erfolgt schon wenige Stunden nach der Geburt, wiederholt sich aber schon nach zehn bis vierzehn Tagen.

Gerade ebenso selten wie die Fütterung gelingt es, die Kreuzotter zum Gebären zu bringen. Mir sind in meiner langjährigen Praxis nur zwei Fälle bekannt, wo einmal drei und einmal neun Kreuzottern in der Gefangenschaft geboren wurden. Beidemale waren die trächtigen Weibchen nur kurz vorher eingefangen worden. Vor zwei Jahren fing ich Mitte September vier unzweifelhaft trächtige Weibchen, welche Hr. Dr. Rey in Leipzig in Pflege nahm; aber trotz des relativ günstigen Gefängnisses erzielte er keinen glücklichen Erfolg. Drei derselben starben Ende November ohne geboren zu haben, das vierte wurde getötet und die Jungen aus dem Mutterleibe präpariert. Es scheint demnach, als ob durch die freiwillige Hungerkur des Muttertieres die Jungen in ihrer Weiterentwickelung gehemmt würden und ihr allmählicher Untergang gleichzeitig mit dem der Mutter oder auch schon vorher erfolgt.

Bemerkenswert ist noch, dass die Geschlechtsreife erst mit dem vierten oder fünften Jahre eintritt; die Tiere haben in diesem Alter eine Länge von circa 45 bis 50 cm.

Die Kreuzotter hat von allen Landschlangen das weiteste Verbreitungsgebiet. Sie bewohnt nicht nur fast alle Länder Europas, sondern dringt von hier durch das südliche Sibirien bis zum Grossen Ocean vor. In Deutschland kommt sie mit Ausnahme der Rheinländer und der bayrischen Pfalz, wo sie zu den Seltenheiten gehört, in allen Ländern vor. In manchen Gegenden häufig, fehlt sie wiederum in den angrenzenden Gebieten ganz. Selbst einzelne Teile des Waldes sind oft ganz von ihr befreit, während man sie in den übrigen ziemlich häufig antrifft; der Standort richtet sich jedenfalls nach der Jagdgelegenheit. Gegenden, die zeitweise unter Wasser stehen, oder feuchte, dichte Wälder bieten zu wenig Nahrung und Schutz gegen den Winter. Bergabhänge, Waldränder, Haideland, Gerölle u. s. w. bilden den Lieblingsaufenthalt der Kreuzotter. Vor allem muss die Gelegenheit zum Mäusefang und ein offenes Sonnenplätzchen vorhanden sein.

Die Jagd auf Kreuzottern ist bei einiger Vorsicht weniger gefährlich als es den Anschein hat. Man versieht sich zunächst mit einer Anzahl kleiner Leinwandsäckchen, einem mässig starken Stocke und einer Art hölzerner Zange, die folgender Art hergestellt wird. Man nimmt zwei circa 1 Meter lange Leisten, die an einer Seite mit einer platten Fläche zusammenpassen. An einem Ende werden dieselben durch ein Stück Leder scharnierartig verbunden, die entgegengesetzten Enden an ihren Spitzen mit etwas Leder gepolstert, um das Tier nicht zu beschädigen, und dann wird, um das Aufeinanderpassen beider Leisten zu erleichtern, durch eine derselben ein runder Nagel geschlagen, der in der entgegengesetzten Leiste durch ein vorgebohrtes Loch sich locker durchschiebt. Diese leicht herzustellende Zange ist gut transportabel und macht die Jagd absolut gefahrlos; man erfasst damit die Schlange möglichst in der Nähe des Kopfes und es wird auf diese Weise nicht schwer halten, dieselbe in eines der Säckchen zu spedieren, welches, fest zugebunden, in der Tasche oder in der Hand getragen werden kann — auf keinem Fall sucht das Tier durch den Leinwandsack zu beissen. In Ermangelung einer Zange benutzt man den Stock, indem man das Tier mit demselben zunächst eine kurze Strecke von dem Auffindungsorte fortschleudert, um es dadurch aus der wahrscheinlichen Nähe seines Schlupfwinkels zu bringen. Das Tier macht jetzt keine Fluchtversuche, sondern setzt sich durch tellerartiges Zusammenrollen in Verteidigungszustand. Man versucht nun, das Tier in eine gestreckte Lage zu bekommen, um ihm den Stock auf den Kopf drücken zu können; nachdem dies geschehen, fasst man mit einer Hand das Tier in möglichster Nähe des Kopfes am Halse und hebt es vom Boden, die freigebliebene Hand wickelt den herabhängenden Körper zusammen und steckt ihn in den bereitgehaltenen Sack, der zugleich mit seinem oberen Teile die Hand schützt. Nun lässt man den Kopf los, der sofort von der Schlange zurückgezogen wird, und schliesst den Sack zunächst mit der Hand und dann mit einem festen Faden. Man kann die Schlange auch beim Schwanze heben, sie ist nicht imstande sich nur einigermafsen nach der haltenden Hand aufzurichten, aber es ist wegen der fortwährenden Bewegung des Tieres nicht so leicht, dasselbe in den Sack zu bringen, auch hat das Erfassen des Schwanzes seine Schwierigkeit, weil derselbe immer in die Nähe des Kopfes gezogen wird, der letztere also auch in diesem Falle erst mit dem Stocke festgehalten werden muss.

Warme, gewitterschwüle, windstille Witterung eignet sich am besten zum Fange, auch kommt es bei solchem Wetter nicht auf die Tageszeit an. Bei trockenen heissen Sonnentagen wähle man früh die Zeit, wo die Sonne bereits den Tau aufgesogen hat. Das Augenmerk ist vorzüglich auf Wald- und Feldränder, ebenso auf Wiesendämme zu richten; dabei suche man stets an der Sonnenseite, auch wenn die Sonne nicht scheint; mit besonderer Aufmerksamkeit müssen die Waldspitzen vorzüglich an Kreuzwegen, durchsucht werden: sie bilden die Lieblingsplätze der Reptilien aller Art, weil sie hier zu jeder Tageszeit nach Belieben Sonne und Schatten aufsuchen können.

Der Wind, vorzüglich aber Ostwind, wird von allen Schlangen sorgfältig gemieden. Die Mittagshitze eignet sich am schlechtesten zum Fangen. Die Tiere ziehen sich entweder in ihre Schlupfwinkel zurück, oder verbergen sich unter überhängendem Gezweige, sodass man genötigt ist, die Waldränder bis auf etwa sechs bis acht Schritte innerhalb des Waldes zu durchsuchen. Erst die späte Nachmittagssonne lockt die Tiere wieder hervor. Kühle Sommer- oder Herbsttage machen natürlich eine Ausnahme; hier wirkt die Mittagssonne auch auf unsere Tiere wohlthätig und wird von ihnen gern aufgesucht.

Schlingnatter (*Coronella austriaca*).

Diese ebenfalls in Deutschland fast überall heimische Schlange führt verschiedene Namen: z. B. gelbe Landnatter, braune Herzschlange, glatte Natter, Haselnatter, thüringische und österreichische Natter, Jachschlange und verdankt diese verschiedenen Benennungen teils ihrer Zeichnung, Färbung u. s. w., teils ihrem mitunter zahlreichen Vorkommen in einzelnen Ländern. Sie bevorzugt gebirgige Landschaften und ist deshalb besonders im Harz und in Thüringen ziemlich häufig, doch auch in gebirgsfreien Gegenden gehört sie gar nicht etwa zu den Seltenheiten.

Der Körper ist walzig und nur wenig nach vorn und hinten verdünnt. Der verhältnismässig kleine Kopf setzt sich kaum merklich vom Halse ab, ist oben flach, erreicht dicht hinter dem Auge seinen grössten Querdurchmesser und nimmt nach der etwas verrundeten Schnauzenspitze zu geradlinig ab. Die kleinen ziemlich kreisrunden Augen sind braun mit goldener Iris. Der gewöhnlich sehr dünnspitzig auslaufende, etwa den sechsten Teil des Gesamtmafses betragende Schwanz setzt sich ohne Einschnürung dem Körper an.

Die Kopfbedeckung besteht aus zehn Schildern, von denen die zwei paarigen Scheitelschilder die grössten sind. Vor diesen liegen in der Mitte als zweitgrösstes das Stirnschild und zu beiden Seiten die länglichen Brauenschilder, welche in der Augengegend eine dem Auge entsprechende Ausbuchtung besitzen, wodurch ein Teil des Auges von oben sichtbar wird. An diese drei zuletzt genannten Schilder schliessen sich zwei ziemlich quadratische (hintere) Schnauzenschilder, die an den Seitenkanten etwas überhängen. Zwischen diesen und dem die Mundspitze bedeckenden, in der Mitte zum Durchtritte der Zunge etwas ausgebogenen Rüsselschilde klemmen sich die vorderen Schnauzenschilder ein, die ziemlich zwei neben einander gestellte Dreiecke bilden, deren Spitzen zwischen den hinteren Schnauzenschildern und dem Rüsselschilde zusammenstossen; an ihren äusseren Spitzen befinden sich die Nasenlöcher. Die Schnauzenkante wird jeseitig von sieben Oberlippen- und neun Unterlippenschildern gebildet. Das Auge steht mit seinem senkrechten Durchmesser genau zwischen dem dritten und vierten Oberlippenschild. Zwischen den doppelseitigen Unterlippenschildern liegen die vier Rinnenschilder, welche etwa die vordere Hälfte der unteren Seite des Kopfes bedecken.

Die obere Körperbedeckung besteht aus glatt aufliegenden, im gehäuteten Zustand metallglänzenden Schuppen, welche am Halse ziemlich klein, von hier aus aber bis zur Schwanzspitze gleich gross und nur an den Seitenrändern etwas grösser werden. Der Bauch wird von mässig breiten an Zahl zwischen 160 und 180 differierenden Schildern bedeckt. Die Schwanzschildpaare variieren zwischen 46 bis 64.

Die Zeichnung des Kopfes ist nur bei jungen frischgeborenen Tieren konstant. Bei ihnen ist die Oberseite des Kopfes ziemlich von der Schnauzenspitze an tiefbraun und bis zu den Scheitelschildern allmählich zunehmend sammetartigglänzend schwarz gezeichnet. Mit zunehmendem Alter hellen sich, am Vorderteile des Kopfes anfangend, die dunklen Farben auf und es verbleiben bei ausgewachsenen

Tieren gewöhnlich nur ein oder zwei unregelmässig gestaltete Flecke, die in der Regel die halben Scheitelschilder bedecken oder noch hinter denselben liegen. Vom Halse an und sehr oft mit diesen Flecken verbunden ziehen sich zwei von sternförmigen Punkten gebildete, abwechselnd gestellte, dicht neben einanderlaufende Linien. Der geringe Raum zwischen denselben bildet den Mittelpunkt des Rückens und erscheint gewöhnlich etwas lichter als die Grundfarbe. Von den Nasenlöchern bis zum Auge etwas undeutlich, hier aber gut markiert, zieht sich bis etwas über den Hals ein dunkler, an manchen Stellen ausgelaufener Strich, der in immer kleiner werdenden Punkten sich ungefähr in der Mitte des Körpers auflöst, mitunter aber auch sich bis zur Aftergegend verfolgen lässt.

Die Grundfarbe wechselt ähnlich ab, wie bei der Kreuzotter. Während sie dort vom dunklen Braun ins helle Grau übergeht, weicht sie hier von Braun ins Grau, Strohgelbe, namentlich aber ins Rötliche. Abgesehen von der auf dem Scheitel des Rückens zwischen den beiden Punktreihen heller erscheinenden Grundfarbe, ist die nach dem Rücken zu gelegene Bauchwand etwas dunkler als die untere. Die spiegelblanken Bauchschilder variieren gleichfalls vom Strohgelb ins Rötliche, sind dabei mit zahlreichen dunklen Flecken gesprenkelt, die nicht selten den ganzen Leib schieferschwarz färben. Einzelne Varietäten erscheinen durch eine unregelmässige Mischung von Gelb, Rot und Blau prachtvoll metallglänzend. Die untere Seite des Kopfes und des Halses sehen schmutzig gelblich. Die von mir gezüchteten frischgeborenen Tiere sind durchgängig gleichartig in Farbe und Zeichnung, trotz der Verschiedenheit ihrer Eltern. Die Oberseite ist gleichmässig dunkelbraun, die Bauchschilder durchgehends ziegelrot gefärbt. Die durch das Geschlecht bedingte Änderung der Grundfarbe tritt jedenfalls erst mit dem vierten oder fünften Jahre ein. Die Tiere haben in diesem Alter ungefähr die Länge von 45 cm. Erst bei grösseren Exemplaren machen sich die geschlechtlichen Unterschiede in Bezug auf die Farbe geltend. Das Braun des Weibchens verliert etwas an seiner Intensität, während das des Männchens sich mehr dem Rötlichen und später dem Gelblichen zuneigt.

Die Grösse des ausgewachsenen Weibchens beträgt in seltenen Fällen über 70 cm., die des Männchens selten über 60. Neugeborene haben die Länge von 15 cm.

Die Begattung beginnt etwa Mitte April. Ich hielt mehrere Jahre 40 bis 50 Stück im Terrarium; die Männchen zeigten sich zur Begattungszeit sehr eifersüchtig und gerieten nicht selten unter einander in Streit, wobei sie sich mit Bissen traktierten. Auch das nicht immer willfährige Weibchen suchte sich durch Beissen vor unerwünschter Zudringlichkeit zu schützen. Der Begattungsakt ist wie bei der Ringelnatter. Das Männchen kriecht langsam auf den Rücken des Weibchens, indem es genau dieselben Windungen, die letzteres zufällig in ruhender Lage eingenommen, beschreibt und sich auch einer etwaigen veränderten Stellung des Weibchens augenblicklich anpasst; nur die Aftergegend des Männchens hängt nach der des Weibchens herab, dieses unterstützt durch eine seitliche Drehung des Afters die Absicht des Männchens. Während dieser Vorbereitungen, noch mehr aber während des zwei bis drei Stunden dauernden Aktes zeigen beide Gatten unregelmässig starke und ununterbrochene Zuckungen, wobei sie fortwährend Bewegungen mit dem Schwanze ausführen, sich auch manchmal mit demselben gegenseitig umschlingen. Das untenliegende Weibchen verändert während dieser Zeit nicht selten seine Körperlage, kriecht auch wohl ein Stück fort, aber nicht ohne das Männchen, welches jede Bewegung des Weibchens sofort nachahmt. Eine Störung oder Einmischung seitens ihrer Gefährten habe ich nie gefunden; sie kriechen im Gegenteil über oder unter dem Pärchen hinweg, ohne nur die geringste Notiz von ihm zu nehmen. Ausdrücklich mache ich noch darauf aufmerksam, dass ich eine „innige Umschlingung", wie sie von einigen Autoren beschrieben wird, weder bei der Schlingnatter noch bei der Ringelnatter jemals bemerkt habe, trotzdem ich mehr als hundertmal Zeuge des beschriebenen Vorganges war. Ein „geeignetes weiches Plätzchen“ wird ebensowenig aufgesucht, im Gegenteil erhalten rauhe Unebenheiten, Steinhaufen u. s. w. den Vorzug. Die Begattung geschieht nur an warmen Tagen und am liebsten in der wohlthuenden Mittagssonne des April oder Mai.

Ende August bis Anfang November bringt die Schlingnatter 3 bis 12 lebendige Junge zur Welt, welche, wie bei allen lebendiggebärenden Schlangen, in eine Blase geschlossen sind, die sofort von dem jungen Tiere mit dem Kopfe durchstossen wird. Die Jungen werden einzeln in etwa $^1/_4$stündigen Zwischenpausen geboren. Nicht selten ist das zuerst und das zuletzt geborene Tierchen tot. Die jungen Schlangen häuten sich schon in den ersten Tagen und gehen dann ihrer Nahrung nach, es sei denn, dass sie durch die Unbill der Witterung zur Aufsuchung des Winterquartieres genötigt sind.

Die Nahrung besteht fast ausschliesslich in Eidechsen und Blindschleichen. In meiner langjährigen Praxis sind mir nur zwei Ausnahmefälle vorgekommen: einmal verschluckte eine weibliche Schlingnatter nach zehnwöchentlichem Hungern mehrere ihr vorgeworfene Regenwürmer, das andere Mal kam ich dazu, wie eine ebensolche aus einer nur zwei Zoll hoch mit Wasser gefüllten Schüssel einen etwa fingerlangen Weissfisch geholt hatte und mit demselben verschwinden wollte. Letzterer Fall setzte mich umsomehr in Erstaunen, als die Schlingnatter niemals freiwillig ins Wasser geht und anderenteils ein Futtermangel hier nicht vorlag. Den Namen „Schlingnatter“ verdankt sie jedenfalls der Gewohnheit, ihre Beute zu umschlingen und dadurch kampfunfähig zu machen. Dass sie dieselbe durch diese Umschlingung erdrückt und vor dem Verschlingen tötet, kann ich nicht bestätigen. Ich habe den Vorgang sehr oft und übereinstimmend folgendermafsen beobachtet: die sich arglos nähernde Eidechse wird durch eine schnelle Bewegung der Schlange in gewöhnlich drei Ringe eingeschlossen. Dies geschieht so plötzlich, dass das

Auge nicht imstande ist, den einzelnen Bewegungen der Schlange zu folgen. Merkwürdigerweise ist die Eidechse immer so gepackt, dass nur der Kopf aus den drei übereinanderliegenden Ringen hervorsieht. Die Natter hat mindestens das Drittel des Vorderkörpers frei, steht mit demselben aufgerichtet und ist meistens mit geöffnetem Rachen jeden Augenblick bereit, den Kopf der Eidechse zu erfassen. Diese ist ebenfalls des Angriffes gewärtig und erwartet mutig mit blitzenden Augen und halbgeöffnetem Maule ihren überlegenen Gegner. Plötzlich, manchmal erst nach mehreren Minuten, fährt dieser herab. Dieser Moment ist für die Situation entscheidend. Erfasst die Natter beide Kinnladen der Echse zugleich, dann ist es um sie geschehen; der Rachen der Schlange umschliesst sofort den vorderen Kopfteil der Echse und spannt sich nach und nach ganz über denselben aus, der oberste Ring löst sich, während die zwei anderen das Opfer nicht nur festhalten, sondern auch durch Gegendruck dasselbe durch den Rachen schieben helfen, bis nur noch der Schwanz übrig bleibt; jetzt erst lösen sich die Ringe und auch die Schwanzspitze der besiegten Echse verschwindet im Rachen der Natter. Aber nicht immer verläuft der Kampf in dieser Weise. Die eingeschlossene Eidechse beisst sich nicht selten im Momente des Angriffes in die obere oder untere Kinnlade der Natter ein und bringt dadurch den Kampf zu einem sofortigen Ende. Die schnell zurückfahrende Schlange nimmt die eingebissene Echse mit in die Höhe und versucht oft viertelstundenlang vergeblich die krampfhaft festhaltende Siegerin loszuwerden, bis es ihr endlich durch Hin- und Herschütteln gelingt, dieselbe von sich zu schleudern. Die Eidechse ergreift nun zwar eiligst die Flucht, vergisst aber die überstandene Gefahr sehr schnell. Ich habe sie fünf Minuten nach überstandenem Kampfe mit Regenwürmern gefüttert, ohne eine Ermattung oder Verletzung an ihr zu verspüren.

Die Schlingnatter hat auch nicht immer Gelegenheit, ihr Opfer beim Fressen zu umschlingen. Ich sah z. B. wie sie eine Blindschleiche (*Anguis fragilis*), die eben ihre Höhle unter einem Tropfsteine verlassen wollte, beim Kopfe fasste und sich abmühte, dieselbe hervorzuziehen. Der Kampf dauerte ziemlich drei Stunden, wobei die Blindschleiche bis zur halben Leibeslänge bereits verschlungen wurde. Jetzt liess die Natter los, indem sie den verschluckten Teil wieder von sich gab. Die Blindschleiche war tot, hatte sich aber selbst im Tode noch so fest im Innern ihrer Höhle festgehalten, dass auch ich sie nicht hervorzuziehen vermochte, ohne den Stein wegzunehmen.

Frischgeborene Tiere nähren sich ebenfalls von Eidechsen und Blindschleichen, fressen vielleicht aber auch nebenbei Regenwürmer; die Mutter Natur hat auch hier für einen gedeckten Tisch gesorgt, indem sie es so einrichtete, dass die zuerst genannten Futtertiere fast zu derselben Zeit ihre Brut zur Welt bringen. Dass unsere Natter im Jugendzustande auch Insekten frisst, wie mitunter angenommen wird, habe ich nie bemerkt und halte es auch für höchst unwahrscheinlich.

Die Jagd auf Schlingnattern hängt viel von Zufälligkeiten ab. Man findet sie gewöhnlich in „gedeckter“ Stellung. Meistens verbirgt sie sich unter niederem, überhängendem Laubwerke, oder steckt bis auf das Köpfchen im Moose, Haidekraute u. s. w., oft steckt sie mit dem Vorderkörper in ihrer Höhle, gewöhnlich einem Mauseloche, aus dem sie die rechtmässige Besitzerin vertrieben. In diesem Falle muss man sehr vorsichtig zu Werke gehen; man nähert sich der Stelle so leise als möglich, um jede Bodenerschütterung zu vermeiden, erfasst das heraushängende Ende und wendet gleichzeitig einen kräftigen Ruck an, ehe das Tier in den Windungen des Höhlenganges sich einzustemmen vermag, da es dann fast unmöglich ist, die Schlange unverletzt herauszuziehen. Hat sie nur den Kopf ausserhalb des Loches, so lässt man sie lieber unbehelligt und legt sich aufs Warten oder merkt sich die Stelle, um bei anderer Gelegenheit dennoch ihrer habhaft zu werden. Das Ausgraben gelingt wegen der gewöhnlich ungünstigen Bodenbeschaffenheit sehr selten, das Tier verlässt aber in der Regel seinen Schlupfwinkel, wenn der Eingang zu demselben teilweise zerstört wurde. In Bezug auf die zur Jagd geeigneten Witterungsverhältnisse gilt dasselbe, was bereits S. 43 und 44 erwähnt wurde. Bemerkt sei noch, dass unsere Natter besonders die Strahlen der Abendsonne liebt und den Morgentau vermeidet.

Sie wird gewöhnlich als die lebhafteste, beweglichste und flinkeste unserer Schlangen geschildert. Ich kann dieser Auffassung durchaus nicht zustimmen, möchte sie vielmehr in ihren Bewegungen, teilweise auch in ihrem sonstigen Betragen mit der trägen Kreuzotter vergleichen. Die Flucht erscheint wie bei letzterer mehr als ein langsames Fortschleichen; hat sie ihre Höhle nicht ganz in der Nähe, so setzt sie sich in derselben Weise wie die Kreuzotter zur Verteidigung, bläht sich auf, zieht sich ringförmig zusammen und beisst wütend um sich; nie aber sucht sie ihr Heil in schneller Flucht, wie die Ringelnatter, welche nicht selten unter geschickter Benutzung verschiedener Deckungsmittel (Gesträuch, Wurzelwerk, Schilf) mehrere hundert Schritte weit einem Gewässer zueilt. In der Gefangenschaft zeigt sie sich nicht anders; alle Bewegungen sind langsam mit Ausnahme ihres Angriffes beim Raube. Dabei ist sie ungesellig und unverträglich sogar mit den Schlangen ihrer Art, beisst dieselben mitunter ohne wahrnehmbare Veranlassung, vielleicht blos, weil sie ihr im Wege sind. Eine charakteristische Angewohnheit von ihr ist die, bei der geringsten Berührung alles Erreichbare zu umschlingen. Hebt man sie vom Boden auf, so hat man nicht nötig, sie festzuhalten. Sie umschlingt mit Benutzung des ganzen Körpers bis zur äussersten Schwanzspitze die Hand, klemmt sich zwischen einzelne Finger und beisst sich an einer beliebigen Stelle fest ein, ohne im geringsten an einen Fluchtversuch zu denken. Frei am Schwanze gehalten, schwingt sie sich ohne Mühe bis zur Hand in die Höhe. Im Gefängnis klettert sie, wenn auch träge und langsam, aber doch sehr geschickt umher. Ich transportierte einmal in zwei Säckchen zwanzig Stück Schlingnattern, sie hatten sich gegenseitig so fest umschlungen, dass ich sie mit einem Griffe als unentwirrbare Knoten aus jedem der Säckchen herausnehmen konnte.

Der Biss ist selbstverständlich unschädlich und nur wenig schmerzhaft, die nach hinten gebogenen kleinen Zähnchen dringen zwar leicht aber nicht tief in die Haut ein. Das Tier begnügt sich selten mit blossem Festhalten, sondern versucht die Bissstelle zu vergrössern, indem es den Rachen immer weiter ausdehnt, als wolle es das Gefasste verschlingen. Man befreit sich, indem man die Natter im Genicke fasst, gegen die Wunde drückt und mit den Fingern die Kinnladen öffnet; zieht man die gebissene Stelle einfach zurück, so dringen die hakenförmig nach hinten stehenden Zähne nur um so tiefer ins Fleisch ein und verursachen katzenkrallenartige Wunden und das Ausbrechen und Steckenbleiben verschiedener Zähnchen, die sich allerdings leicht entfernen lassen.

Der Biss wird nicht schlagartig gegeben, wie von der Kreuzotter, sie sucht sich sogar mitunter, wenn man sie bereits ein Weilchen in der Hand hat, mit offenem Maule die Stelle aus, wo sie sich einzubeissen gedenkt. Die Bissigkeit gegen ihren Pfleger lässt um so eher nach, je öfter sie von demselben in die Hand genommen wird, oder besser gesagt, je öfter sie ihn schon gebissen hat. Übrigens werden die Bisse auch immer schwächer, vermutlich weil das Tier sanfter wird. Manchmal schlingt sie sich mit Wohlbehagen freiwillig um die ihr gebotene warme Hand und nachdem sie dieselbe eine Zeit lang umschlungen gehalten hat, giebt sie durch einen leichten Biss ihren Ueberdruss zu erkennen.

In der Gefangenschaft geht sie nicht schwer ans Futter, man darf es ihr jedoch erst dann reichen, wenn sie sich an ihren Käfig (S. 24) und ihre Umgebung gewöhnt hat. An dem sie beherbergenden Terrarium ist jede, auch die kleinste spaltartige Lücke zu vermeiden, weil unsere Natter wegen ihrer schlanken Gestalt, ihres kleinen Kopfes und ihrer Fertigkeit im Klettern und Winden mehr wie jede andere Schlange eines gut verwahrten Gefängnisses bedarf.

Man füttere sie mit Wieseneidechsen (*Lacerta vivipara*), denen sie weit eher überlegen ist als der weit grösseren Waldeidechse (*L. agilis*), ebenso gut eignen sich mittelgrosse Blindschleichen.

Ringelnatter (*Tropidonotus natrix*).

Keine Schlangenart kommt in Deutschland so häufig vor als diese, doch ist die Ringelnatter auch über die anderen Länder Europas, sowie über einen Teil Asiens und Afrikas verbreitet.

Die durch klimatische Einflüsse und veränderte Lebensweise hervorgerufene grosse Verschiedenheit in Zeichnung und Grundfarbe der Ringelnattern hat die Aufstellung einer ganzen Reihe von Varietäten veranlasst; es wäre zwecklos, dieselben in diesem Büchlein aufzuführen, und ich beschränke mich deshalb im nachstehenden nur auf unsere deutsche Ringelnatter.

Was zunächst die Verschiedenheit ihrer Benennung im Volksmunde anlangt, so entspringt dieselbe wie gewöhnlich aus ihren Gewohnheiten, Zeichnungen, Aufenthaltsorte, Fähigkeiten u. s. w. Der am meisten gebrauchte Ausdruck „Ringelnatter“ stammt jedenfalls von dem ringartigen gelblichen Halsflecken. Die Namen Wasser-, Schwimm-, Heckennatter, oder Haus- und Wasserschlange, Hausunk u. s. w. verraten ihren Ursprung selbst.

Sie ist die grösste unserer deutschen Schlangen; das Weibchen erreicht eine Länge von $1^1/_4$ Meter, das Männchen bleibt um mindestens das Dritteil zurück. Die Körperform ist dieser Länge entsprechend eher dick als schlank, der Schwanz, etwa ein Fünftel des Gesamtmafses einnehmend, verläuft sehr spitz, setzt sich aber vom Rücken nicht ab; der ziemlich dicke Hals geht allmählich in die Kopfstärke über. Der Kopf ist ziemlich eirund, vorn nicht sehr abgestutzt. Die Schuppen sind, besonders bei älteren Tieren, deutlich gekielt, nahe am Rücken sehr schmal und länglich, nach dem Bauche zu bedeutend vergrössert und verrundet. Die Zahl der einen Teil der Seitenkante bedeckenden Bauchschilder differiert zwischen etwa 160 bis 180, die der paarigen Schwanzschilder von 50 bis 75.

Die Kopfbedeckung, vom Halse ausgehend, besteht aus zwei gleichen, ziemlich runden Schildern, die an Grösse bei den einzelnen Exemplaren differieren und sich zwischen die jeseitigen länglichen Schläfenschilder und die beiden nebeneinanderstehenden (grössten) Scheitelschilder einschieben. Die beiden letzteren verschmälern sich nach hinten zu, indem sie sich an den Seiten ausbuchten und den erwähnten zwei Schildern nach Mafsgabe ihrer Grösse Platz machen. Von den zwei Scheitelschildern und in diese etwas eingerundet liegen das mässig grosse ziemlich herzförmige Stirnschild und die beiden etwas ausgerandeten nach hinten merklich erweiterten Brauenschilder, welche das Auge von oben noch deutlich sichtbar lassen. An diese drei schliessen sich die zwei hinteren und zwei vorderen quergestellten Schnauzenschilder von mehr breiter als langer Form an. Das die obere Schnauzenkante abschliessende Rüsselschild ist gewölbt, mehr breit als hoch und in der Mitte zum Durchgange der Zunge weit ausgerundet. Die den Oberkieferrand einsäumenden sieben Oberlippenschilder nehmen nach hinten bis zum sechsten an Grösse bedeutend zu; das siebente ist stets kleiner als das fünfte und sechste. Zwischen dem ersten Oberlippenschilde und den vorderen Schnauzenschildern liegt das ziemlich länglich-viereckige in seiner obersten hinteren Spitze von dem Nasenloch durchbohrte Nasenschild. Zwischen diesem und dem das Auge halbbogig umschliessenden Brauenschilde befindet sich das schmale hohe vordere Augenschild; hinter dem Auge stehen die drei gleichgrossen hinteren Augenschilder, von denen die zwei unteren an das Schläfenschild, das obere spitzwinkelig an das Scheitel- und Brauenschild angrenzt. Das grosse runde Auge steht über dem dritten und vierten Oberlippenschilde. An der Spitze des Unterkiefers befindet sich das kleine dreieckige Kinnschilde und zu beiden Seiten zehn Unterlippenschilder. Die zwei Paar am Halse befindlichen Rinnenschilder sind nicht immer der Grösse des Tieres entsprechend, das hintere Paar ist stets grösser als das vordere und durch dazwischen geschobene Halsschuppen seitlich auseinander gedrängt.

Grundfarbe und Zeichnung wechseln auch bei dieser Art mannigfach ab, doch ist das Tier wegen der am Hinterkopfe befindlichen sehr deutlichen hellen Flecken auf den ersten Blick und aus ziemlicher Entfernung leicht zu erkennen, während die divergierenden übrigen Zeichnungen sehr wenig ins Auge fallen und eigentlich erst mit Mühe aufzufinden sind. Der Grundton der Oberseite samt den Kopfschildern fällt nach der Häutung meist ins Bläuliche und geht mit dem Älterwerden der Haut ins Aschgraue und später ins Braungraue über. Die erwähnten am Hinterkopfe befindlichen hellen Flecke fallen beim Männchen mehr ins Hochgelb, beim Weibchen ins Blassgelb; sie treten um so mehr hervor, als sie von tiefschwarzen gleichsam den Schatten derselben bildenden gewöhnlich dreieckigen Flecken umgrenzt werden, die mit ihren auf der Oberseite des Halses sich vereinenden Spitzen das Zusammenfliessen der ersteren zu einem Ringe verhindern. Nicht selten tritt auch zwischen den gelben Flecken die Grundfarbe hindurch und trennt dadurch nicht nur diese sondern auch die dunklen Flecken. Die untere Seite des Halses ist weissgelb, die Unterlippen- und die zwei ersten Oberlippenschilder sind an ihren Rändern mit schmalen dunklen Strichen versehen, während das unter dem Auge stehende dritte und vierte sowie das sechste und siebente Oberlippenschild ganz oder wenigstens teilweise schwarz gefärbt sind. Das zwischen denselben liegende fünfte Oberlippenschild sticht durch seine weissgelbe Farbe von allen übrigen bedeutend ab.

Dem Rücken entlang ziehen sich drei bis sechs Reihen schwarzer etwa 4—6 mm von einander entfernter Längsstriche, die jedoch nur bei frisch gehäuteten Tieren deutlich hervortreten, an den Seiten am breitesten sind und auch am längsten erkennbar bleiben. Die breiten Bauchschilder sehen in der Mitte schieferschwarz, an den Seiten und in der Halsgegend weissgelb.

Die Ringelnatter ist ein schmuckes flinkes Tier, welches sich schnell an seinen Pfleger und sein Gefängnis gewöhnt, sehr leicht ans Futter geht und niemals beisst. Sie hält sich in der Gefangenschaft auch in dem unpassendsten Behälter lange Zeit sehr gut, obgleich sie ihrer Beweglichkeit und Flüchtigkeit wegen mehr als ihre Verwandten eines grossen Raumes bedürftig ist. Ich halte in meinem Terrarium mehrere hundert Stück und habe vielfach Gelegenheit, ihre Schnelligkeit bei der Jagd auf Frösche, ihre Schwimm- und Taucherkunststückchen u. s. w. zu beobachten. Es scheint mir als ob ihre Jagd systematisch oder wenigstens gemeinschaftlich betrieben würde. Das terrassenförmig vertiefte Terrain, an dessen tiefster Stelle ein Wasserbassin angebracht ist, wird von ihnen mit einer gewissen Regelmässigkeit abgesucht; einige treiben nämlich die auf dem obersten breitesten Raume befindlichen Frösche nach und nach der Tiefe zu, auf welchem Wege sie von anderen Ringelnattern, die sich auf den abwärts führenden Stufen postiert haben, teilweise abgefangen werden; die unten angekommene Frösche versuchen ihr Heil im Wasser und gehen somit in die ihnen gestellte Falle, denn in kurzer Zeit hat sich der grössere Teil unserer Nattern in und um das Bassin versammelt, um unter den Fröschen aufzuräumen. Ob dieses Manöver bewusst oder unbewusst ausgeführt wird, mag dahingestellt bleiben, jedenfalls wiederholt sich dasselbe bei jeder Fütterung, die etwa von vier zu vier Wochen stattfindet.

Die Fütterung der in Kasten (siehe S. 24 und 25) gehaltenen Ringelnattern geschieht ebenfalls am zweckmässigsten mit kleinen oder mittelgrossen Fröschen, die man erst dann giebt, wenn der Hunger sich bemerklich macht. Werden die Frösche eher in den Behälter gesetzt, so verlieren diese an Lebhaftigkeit, sitzen halbe Tage lang ruhig, lassen die Natter oft über sich hinwegkriechen, ohne sich zu rühren und werden demzufolge von ihr nicht leicht bemerkt (siehe S. 14). Nach dem Fressen gönne man dem Tiere Ruhe, namentlich berühre man nicht den durch das eben verschluckte Opfertier wulstartig hervortretenden Körperteil, weil die dadurch erzeugte Reizung der Bauchmuskeln die Natter zum Ausspeien der Beute nötigen, wie man dies auch beim Fange und Transporte dieser Tiere nicht selten beobachten kann.

Die Hauptnahrung der Ringelnatter besteht in Fröschen, sie verschmäht aber unter Umständen auch Kröten, Molche, Salamander und Fische nicht. Frosch- und Krötenlarven fängt sie, indem sie mit offenem Rachen unter dem Wasser hin- und herschwimmt. Dass sie Kröten nur erst in der äussersten Not zu sich nimmt, ja dass einzelne Exemplare lieber den Hungertod erleiden, erscheint mir nicht richtig. Man bedenke zunächst, dass unsere Kröten Nachttiere sind, selten mit unserer Ringelnatter zusammentreffen und dass sie ferner durch ihre langsamen Bewegungen oder ihr stundenlanges Ruhigsitzen nicht leicht die Aufmerksamkeit jener auf sich lenken. Übrigens habe ich verschiedenemal ausgespiene Unken (*Bombinator igneus*), und mittelgrosse Erdkröten (*Bufo vulgaris*) letztere vorzüglich bei im Walde gefangenen Exemplaren, gefunden. Der ziemlich grosse Erdmolch (*Salamandra maculosa*) ist ebenso wenig vor ihr sicher; den Fischen lauert sie auf, indem sie sich um irgend eine Schilfpflanze windet und in dieser Stellung längere Zeit unter dem Wasser bleibt; mancher Goldfisch ist ihr in meinem Bassin auf diese

Weise zum Opfer gefallen. Auffallend ist die Uebereinstimmung aller Lehrbücher in der Ansicht, dass die Ringelnatter auch Mäuse frisst. Meine langjährigen Beobachtungen nach dieser Richtung bestätigen dies durchaus nicht, ja ich habe einmal komischerweise das Gegenteil erfahren müssen. Ich setzte zu einer frischgefangenen ausnahmsweise sehr grossen Ringelnatter eine weibliche Hausmaus mit fünf noch nackten Jungen und schnitt als Futter für die Maus eine rohe Kartoffel in mehrere Teile. Dies geschah am Abend. Am darauffolgenden Vormittage fand ich die Maus mit sämtlichen Jungen unverletzt, die Natter hingegen war von der Maus an der Seite des Schwanzes bis auf den Knochen angefressen. Seit dieser Zeit benutzte ich zu diesem Experimente nur Feldmäuse und gab ihnen aus Vorsicht nebenbei Fleischnahrung, ohne jedoch ein einziges Mal konstatieren zu können, dass eine Maus von der Natter gefressen worden wäre. Ich habe schon oben gesagt, dass durch die gewöhnlich unsanfte Berührung beim Fangen die Schlangen in der Regel ihren Mageninhalt ausspeien, bei dieser Gelegenheit habe ich aber nie bemerkt, dass eine Ringelnatter eine Maus von sich gab. In einigen Schulbüchern werden dieser „Maus" noch „Insekten" hinzugefügt. Ich lasse diese letzteren nicht einmal für die eben erst dem Ei entschlüpften Nattern gelten, denn diese nähren sich von der Brut der Lurche, die mit ihnen fast gleichzeitig zur Welt kommt. Auch vor dem Verdachte, dass die Ringelnatter in der Not Eidechsen frisst, muss ich sie in Schutz nehmen; denn wenn manchmal die ganze Nattergesellschaft in meinem Terrarium längere Zeit Futtermangel litt und ihnen die Eidechsen sozusagen vor der Nase herumliefen, habe ich doch nie bemerkt, dass eine Eidechse von ihnen gefressen worden wäre.

Das Erfassen der Beute geschieht, wie es eben der Zufall mit sich bringt. Ein in der Mitte des Leibes gepackter Fisch, Molch oder Frosch wird ans Land geschleppt und allmählich im Rachen nach vorn oder nach hinten gedreht. Die Natter berechnet ihren Vorteil hierbei so wenig, dass sie z. B. einen Fisch nicht immer vom Kopfe aus verschlingt, sondern mitunter auch den ihr gerade näher liegenden Schwanzteil zuerst in den Rachen schiebt und später den Fisch wegen seiner widerstrebenden Rücken- oder Bauchflossen wieder ausspeien muss. Hingegen weiss sie sich geschickt zu helfen, wenn sie einen Frosch mit den Hinterbeinen voran verschluckt. Sie nimmt zunächst eines der Hinterbeine bis zum Schenkel in den Rachen, ergreift dann den Schenkel des anderen und zieht das sich spreizende Bein durch die Schnauze nach dem Fusse zu, indem sie das bereits im Rachen befindliche Bein bis zum Fusse wieder frei giebt, sodass es aussieht, als wollte sie den Frosch loslassen. Auf diese Weise kommt sie mit der Schnauze an den beiden Füssen der Hinterbeine an und verschlingt jetzt letztere gleichzeitig. Der Kopf dehnt sich nun über den Körper des Frosches aus und überwindet das letzte Hindernis, die Vorderbeine, dadurch, dass die Kieferränder zunächst eines der Vorderbeine in den Rachen bringen, wobei mitunter dasselbe an irgend einen Gegenstand gedrückt wird; hierauf wird mit dem anderen dieselbe Prozedur vorgenommen. In diesem Momente ist der Kopf der Schlange am weitesten ausgedehnt und erreicht mitunter die doppelte Leibesstärke. Der Frosch verschwindet langsam in dem Rachen und binnen wenigen Minuten zeigt nur noch eine dicke Stelle in der Mitte des Leibes der Natter den stattgehabten Vorgang. Der Frosch bringt, wenn er erfasst wird, Töne hervor, die viel Ähnlichkeit mit dem Quieken einer Maus haben, er verhält sich aber während des Verschlingens ruhig und macht auch nur ganz zu Anfang Fluchtversuche. Streicht man die Bauchseiten der Natter an der Stelle, wo der verschluckte Frosch sich befindet, so speit sie denselben noch lebend wieder aus, er ist anscheinend unverletzt und hüpft fort, um aus dem Bereiche seines Feindes zu kommen.

Die Begattung beginnt Mitte Mai und dauert etwa fünf Wochen, wenn nicht ungünstiges Wetter diese Frist verlängert. Der Akt selbst geschieht wie bei der Schlingnatter (S. 47), nur wird hierzu die frühe Morgensonne benutzt. Eine „innige Umschlingung“ findet auch bei dieser Art nicht statt. Auffällig ist die gegenseitige Wahl der Gatten in Bezug auf ihre Grösse. Das Grössenverhältnis beider Geschlechter ist schon an sich bedeutend ungünstiger für das Männchen als bei jeder anderen Schlangenart, hier vereinigen sich aber nicht selten Pärchen, wo das Männchen kaum ein Dritteil der Körperlänge der Weibchens besitzt. Alljährlich beobachtete ich im September und Oktober eine zweite Begattung, und nicht bloss einzelner Pärchen, sondern in demselben Umfange wie dies im Frühjahr geschieht. Eine Befruchtung scheint aber nicht stattzufinden, wenigstens habe ich bei geöffneten Weibchen keine Andeutung hiervon bemerkt. Es befremdet mich, dass in keinem mir bekannten herpetologischen Werke auf diesen nicht unwesentlichen Umstand Rücksicht genommen ist.

Mitte Juli bis Ende August legt das Weibchen je nach Alter und Grösse bis zu dreissig Eier, die noch geraume Zeit bis zu ihrer vollständigen Entwickelung bedürfen. Auch in Bezug auf diesen Gegenstand habe ich verschiedene, von den in unserer diesbezüglichen Litteratur gemachten Angaben abweichende Erfahrungen gemacht. Einige Autoren geben an, dass die Eier „in einem gemeinsamen Schlauche perlenschnurartig zusammenhängen“ und dass sie etwa drei bis vier Wochen bis zu ihrer vollendeten Reife brauchen. Es wird weiter gefolgert, dass, weil man frischgelegte Eier von Mitte Juli bis Ende September findet, die Witterungsverhältnisse auf die Austragung der Eier im Mutterleibe von grossem Einflusse seien. Ehe ich auf die Begründung meiner hiervon divergierenden Ansichten eingehe, mag hier eine Notiz Platz finden, die im vorigen Jahre von mehreren grösseren Zeitungen verbreitet wurde:

„Leipzig, 3. August. Am vergangenen Sonntage machten einige Touristen auf der Jagd nach Schlangen einen auch für die Wissenschaft höchst interessanten Fund. In einem ausser Betrieb gesetzten Steinbruche bei Leulitz (Wurzen) entdeckten sie auf dem nach Süden zu gelegenen steilen Abhange einige Ringelnattereier (*Tropidonotus natrix*); bei näherer Untersuchung gewahrten sie, dass dieselben aus einer Höhlung gefallen waren, welche nach oberflächlicher Blosslegung deren in Masse barg. Durch herbeigeholte Spaten u. s. w. gelang es den ganzen Inhalt ziemlich unversehrt zu Tage zu fördern. Eine genaue Zählung der Eier gelang nur bis ins dritte Hundert, die übrigen konnten wegen ihres traubenartigen Zusammenklebens nur abgeschätzt werden. Sämtliche (acht) Anwesende, darunter der Forstmann Hr. Aug. Staake auf Waidmannsheil (Graf Hohenthal'sches Gebiet, beliebter Ausflugsort) taxierten die Zahl auf mindestens 600. Die Eier waren in gutem Zustande und soweit entwickelt, dass an den Embryonen deutlich die Blutzirkulation wahrnehmbar war. — Wissenschaftlich ist der Fund insofern von Bedeutung, als dadurch festgestellt erscheint, dass die Ringelnatter gemeinschaftliche Ablegestellen wählt und das Ablegen selbst von mehreren Weibchen zu gleicher Zeit geschieht. Das erstere ist bewiesen durch die in nächster Nähe sich befindenden nicht benutzten gleichartigen Höhlungen, das zweite durch das massenhafte Zusammenkleben der Eier selbst, die nur in ganz frischem Zustande von einem Klebestoffe umgeben sind. Beide Thatsachen waren bis jetzt wissenschaftlich noch nicht festgestellt und werden noch unterstützt durch die Erwägung, dass mindestens 30 Pärchen zur Hervorbringung dieser Eiermenge nötig gewesen sein müssen. (Die Ringelnatter legt je nach Alter und Grösse circa 6—30 Eier; das nach Zahl verhältnismässig gleiche Auftreten von männlichen und weiblichen Tieren lässt auf eine pärchenweise Befruchtung schliessen.) — Hr. A. Franke, der zugleich an der Expedition beteiligt war, hat in seinem in Stötteritz belegenen grossen Aquarium die Fürsorge für die Weiterentwickelung der Eier übernommen und werden wir über das Resultat seiner Zeit berichten."

Der betreffende Bericht ist später von mir gegeben, doch habe ich denselben nicht wörtlich zur Hand. Die Eier hatten nach meinen Erfahrungen ein Alter von acht Tagen bis drei Wochen und bedurften zur vollständigen Ausbildung noch weitere fünf bis sieben Wochen. Sie lagen während dieser Zeit in feuchtem Pferdemiste, welcher den ganzen Tag der Sonne ausgesetzt war und wurden noch ausserdem vor Nachtkälte und Regengüssen geschützt. Ich schnitt von drei zu drei Tagen eines derselben auf, indem ich hierzu einen augenscheinlich von einem Weibchen gelegten Eierhaufen benutzte und beobachtete auf diese Weise die allmähliche Ausbildung.

Nach diesen sowie nach den vielfach im Terrarium gemachten Beobachtungen komme ich zu folgendem Resultate: Die Begattung kann durch die im Frühjahre oft wechselnde Witterung von Mitte Mai bis Ende Juni hinausgeschoben werden; die Ausbildung der Eier im Mutterleibe bedarf circa zehn Wochen; das Auffinden der Eier noch im September erklärt sich durch die spät stattgehabte Begattung. Die Eier werden einzeln und nicht selten gemeinschaftlich gelegt, und sind im frischen Zustande mit einem Klebstoffe überzogen, der das Aneinanderhaften derselben bewirkt (von einem gemeinschaftlichen Eischlauche ist keine Spur vorhanden); sie werden in nach der Südseite gelegenen schon vorhandenen Erdlöchern, Mist, Mulen, feuchtem Moos und dergleichen untergebracht, wobei sie nicht „perlschnurartig" aneinandergereiht werden, sondern in ihrer Gesamtform jedesmal dem Raume entsprechen, in den sie abgelegt sind und den auszufüllen das Muttertier sichtlich bemüht gewesen ist. Sie sind etwa so gross wie Taubeneier, differieren aber in Bezug auf Grösse im Verhältnis zu der der Muttertiere; die Schale ist pergamentartig und färbt sich mit zunehmender Reife von schneeweiss zu grauweiss. In der zweiten Woche ist der Fötus schon so weit entwickelt, dass man den vogelembryoartigen Kopf, die hervortretenden dicken Augen und die Herzpulsationen wahrnimmt; mit der dritten Woche bemerkt man einige farbige Flecke an den Bauchseiten, die Zeichnung wird allmählich bis zur sechsten Woche deutlich, die nach dem Auskriechen gelben Flecke erscheinen jetzt noch weiss. Sieben Wochen alte Tierchen kriechen bereits nach gewaltsamer Herausnahme aus dem Eie fort, sind aber nicht lebensfähig. Endlich, nach ungefähr acht Wochen, durchbricht die junge Schlange die Eihülle oft an mehreren Stellen und sieht neugierig und vorsichtig aus einer der gemachten Öffnungen in die Welt. In dieser Situation habe ich sie öfters bewundert, wie sie, auf dem Tische liegend, zögernd hervorkommt, und erstaunt und erschrocken über das manchmal zahlreiche Auditorium sich schnell wieder zurückzog und stundenlang denselben Versuch wiederholte. Die Jungen sind mit kaum erwähnenswerten Abweichungen den Alten in Form, Farbe und Zeichnung ganz gleich.

Der Standort der Ringelnatter ist gewöhnlich in der Nähe eines Teiches oder langsam fliessenden Wassers; sie liebt auch feuchte Wiesen und liegt hier an den Rändern der Wassergräben. Umbuschte oder mit Schilf besetzte Teichränder werden von ihr oft massenhaft bewohnt, obgleich sich der betreffende Teich nicht selten in der unmittelbarsten Nähe stark frequentierter Strassen oder Ortschaften befindet. Sie verbreiten sich von hier in die Ortschaft selbst und siedeln sich in Ställen, Scheunen, Kellern u. s. w. an. In wasserarmen Gegenden oder mitten im Walde trifft man sie nur vereinzelt, sie sind hier mit ihrem Wasserbedürfnisse lediglich auf Regen und Tau beschränkt, hingegen bevorzugen sie verfallene Steinbrüche in denen sich Wassertümpel und einiges Strauchwerk befinden.

Die Jagd auf Ringelnattern kann mit den ersten Strahlen der Morgensonne beginnen. Der Erfolg hängt meistens von dem Verhalten und der Geschicklichkeit der Jäger ab. Man vergleiche darüber S. 17, 18 und bez. 44. Die ergriffene Ringelnatter sucht sich durch heftige Bewegungen der Hand zu entwinden und entleert sich dabei zum Zwecke der Verteidigung oder aus Angst ihres kalkweissen stinkenden Unrates. Obgleich sie sich dick aufbläht, stark zischt und sich überhaupt ganz wütend zeigt, beisst sie doch nie. Mitunter bekommt sie, vielleicht vor Schreck, oder auch durch einen im Augenblicke des Zugreifens auf die Herzgegend ausgeführten Druck, eine Art Krampf; das Tier haucht gleichsam zusammen, wird regungslos und sperrt das Maul auf, aus denen gewöhnlich einige Blutstropfen dringen. Der Zustand dauert nicht selten eine halbe Stunde, geht aber auch manchmal in einigen Minuten vorüber. Hat man Wasser in der Nähe, so braucht man das Tier nur eine Minute lang mit dem Kopfe unterzutauchen, so wird es sich bis auf eine bald vorübergehende Mattigkeit vollständig erholen.

Frischgefangene Tiere verbreiten in den ersten Tagen in gereiztem Zustande einen unausstehlichen Bocksgeruch. Jemehr sich das Tier mit seiner Lage aussöhnt und je öfter es angegriffen wird, um so schneller verschwindet diese Untugend. Man kann den Gestank schon den ersten Tag beseitigen, wenn man die Natter von Zeit zu Zeit in die Hand nimmt und sie dadurch von der Angst und Scheu befreit, die wahrscheinlich die Veranlassung dieser unangenehmen Ausdünstung bilden.

Ausser diesen drei in Deutschland verbreiteten Schlangenarten sind noch folgende zwei zu erwähnen, obgleich sich dieselben das deutsche Bürgerrecht noch nicht erworben haben, da sie nur an einzelnen Grenzgebieten, und auch hier nur vereinzelt, auftreten. Aus diesem Grunde beschränke ich mich hier nur auf das Notwendigste, beziehentlich auf das Wenige, was ich selbst an beiden Schlangenarten zu beobachten Gelegenheit hatte.

Äskulapschlange (*Callopeltis Aesculapii*).

Sie entlehnt ihren Namen jedenfalls dem Gotte der Heilkunde, Asklepios, der mit einer um einen Stab gewundenen Schlange dargestellt wird. Bekanntlich wurden von den Römern einigen Schlangenarten besondere Heilkräfte zugesprochen und es scheint, dass die Äskulapschlange zu diesen gehört hat, da nicht blos ihr Name, sondern auch ihr Vorkommen in altrömischen Ländern und Niederlassungen (Ems, Schlangenbad, welches von ihr seinen Namen hat, Salzburg, Baden u. s. w.) zu der Annahme Veranlassung gegeben hat, dass sie von den Römern nach dort gebracht worden sei. Ihre eigentliche Heimat ist Italien; sie tritt von hier aus über die Alpen und gelangt nach Österreich bis Wien, andererseits durch die Schweiz bis Nassau. Sie soll allerdings auch in vereinzelten Exemplaren im Harz und in Thüringen aufgefunden worden sein; doch kann hier eine Täuschung vorliegen, oder es können auch geflüchtete oder freigelassene Exemplare gewesen sein.

Man unterscheidet der Grundfarbe nach zwei Arten, die gelbe und die schwarze Äskulapschlange, welche aber durch dazwischen liegende Varianten ineinander verschmelzen. Bei dunkelen Exemplaren erscheinen auf der Oberseite des Körpers ganz kleine feine weisse Pünktchen, die in der Körpermitte am zahlreichsten sind. Die Unterseite und die Bauchwände sind schmutzig weiss oder schwefelgelb. Der Kopf erinnert lebhaft an den der Ringelnatter, nur erscheint er mehr abgerundet und schmäler; die Täuschung wird durch zwei am Hinterkopfe befindliche gelbe Flecke noch vermehrt. Der Hals ist wenig abgesetzt, der Schwanz verhältnismässig lang, der Körperbau kräftig. Die Schuppen sind nach hinten und vorzüglich an den Seiten gekielt, im vorderen Teile des Körpers glattaufliegend. Sie ist nicht giftig; ihre Eier bedürfen, wie die der Ringelnatter, ebenfalls einer Nachreife, die nur drei Wochen beanspruchen soll — eigene Erfahrungen habe ich hierüber nicht gemacht.

Ich hielt im Sommer 1879 zwei Exemplare im Terrarium. Das eine war im Frühjahre desselben Jahres in Dalmatien, das andere im Prater bei Wien gefangen worden. Das letztere mafs reichlich $1^1/_4$ Meter. Beide zeigten sich weit beweglicher als unsere lebhafte Ringelnatter; insbesondere kletterten sie oft und flink auf das höchste Gesträuch, lagen hier gern im heissesten Sonnenscheine, vor welchem sich die übrigen Schlangen längst zurückgezogen hatten, waren anfangs sehr scheu, gewöhnten sich aber bald ein. Verschiedene Versuche, sie zum Beissen zu bringen, misslangen; sie fuhren zwar mit halbgeöffnetem Rachen nach dem neckenden Finger und stiessen denselben an, aber immer ohne ihn zu fassen. Ihre Nahrung bestand ausschliesslich aus Eidechsen, mit denen sie viel weniger Umstände machten als unsere Schlingnattern. Die Echse wurde einfach gepackt, wie es der Zufall ergab, emporgehoben und in der Schnauze so gedreht, dass der Kopf in dieselbe zu liegen kam. Das Verschlingen dauerte nur wenige Minuten und geschah mit grosser Leichtigkeit. War die Fresslust einmal gereizt, so frassen sie sich satt; das grössere Exemplar z. B. frass einmal fünf grosse Waldeidechsen (*L. agilis*) binnen einer halben Stunde. Ob sie Mäuse frisst, wie ihr nachgerühmt wird, habe ich nicht probiert. Sie tranken nicht selten, gingen aber nicht in das Wasser. Schon nach den ersten kalten Nächten machten sich meine Äskulapschlangen immer seltener. Ende September sah ich sie zum letztenmal. Der anhaltende Winter von 1879/80 hat ihnen den Untergang gebracht.

Würfelnatter (*Tropidonotus tesselatus*).

Diese in Deutschland noch seltenere Art bewohnt ebenfalls das südliche Europa und dringt nördlich und westlich über die Alpen nach Österreich und dem oberen

Rheingebiete vor und soll nach vereinzelten Angaben noch im Nassauischen gefunden werden.

Ihren Namen verdankt sie jedenfalls den schwärzlichen Strichen oder Punkten, welche auf der ganzen Oberseite die Grundfarbe (graugelb) unterbrechen und in ihrer Anordnung würfel- oder schachbrettartig erscheinen. Der Hals setzt sich deutlich von dem dreieckigen, spitzwinkelig zulaufenden langen Kopfe ab, der an seiner Unterseite bis weit über den Hals grauweisslich gefärbt ist. In die sonst helle Farbe des Bauches mischen sich nach hinten zunehmend schwarze quadratische Flecken. Die Unterseite des dünnen, etwas abgesetzten Schwanzes ist schwarz. Der Körper erscheint schmächtig und ist in der Mitte wenig oder gar nicht verdickt, an den Seiten etwas eingedrückt und dadurch mehr hoch als breit.

Die Würfelnatter teilt in ihrem südlichen Vaterlande nicht selten den Standort mit der Vipernatter (*T. viperinus*), einer ebenfalls giftlosen Schlange, die aber wegen ihres auf dem Rücken verlaufenden Zackenbandes eine täuschende Ähnlichkeit mit der Kreuzotter und der giftigen Viper (*Vipera aspis*) besitzt. Dieses gleichzeitige Auftreten und Zusammenleben haben zur Verwechselung beider geführt und dieser Umstand mag nicht wenig dazu beigetragen haben, dass bis jetzt nur spärliche Beobachtungen von Fachmännern über die Würfelnatter und Vipernatter vorliegen.

Ich beobachtete im Sommer 1879 zwei dalmatinische Würfelnattern im Terrarium und lernte sie als ziemlich scheu, doch mehr zum Verstecken als zum Fliehen geneigt, kennen. Ihre Bewegungen im Wasser sind bedeutend schneller und lebhafter als auf dem Lande, wo sie mehr der Schlingnatter ähnelt. Sie brachten im Hochsommer die Nacht wahrscheinlich im Wasserbassin zu, mindestens waren sie bis zur Dunkelheit und bei Tagesanbruch dort zu finden. Bei Sonnenschein kletterten sie langsam aber geschickt bis in die äussersten Spitzen des Gesträuches und genossen von hier die Wohlthat der Sonnenwärme. Ihr

Futter bestand wahrscheinlich nur aus Fischen, wenigstens habe ich sie nicht auf Frösche jagend gefunden, wohl aber nicht selten erwischt, wie sie, einen Fisch im Maule, im Begriffe dem Wasser zu entsteigen, bei meinem Erblicken sich schnell wieder mit demselben zurückzogen.

Auch in dem sonstigen Betragen hat die Würfelnatter viel Ähnlichkeit mit unserer Schlingnatter. Frisch gefangen oder selbst nach längerer Zeit in der Gefangenschaft beisst sie, wenn sie unverhofft angegriffen wird, ohne weiteres zu; neckt man sie dadurch, dass man ihr den Finger vorhält, so zieht sie sich ebenfalls in einen Ring oder Teller zusammen, von dessen Mittelpunkt aus sie sich durch schnelles Vorwerfen des Kopfes mit dem geöffneten Rachen zu verteidigen sucht. Der Biss ist ebensowenig schmerzhaft und gefährlich wie der der Schlingnatter, nur darf man, wie bei dieser, die Hand nach erhaltenem Bisse nicht zurückziehen, weil in diesem Falle die kleinen hakenartig nach hinten gebogenen Zähnchen katzenkrallenartige Wunden hinterlassen.

Meine Würfelnattern teilten das Schicksal der Äskulapschlangen — sie gingen ebenfalls während des Winterschlafes desselben Jahres (1879/80) im Terrarium zu Grunde.

Zweite Ordnung.

Schuppenechsen (Sauria).

Diese den Schlangen am nächsten stehende Ordnung ist entschieden die artenreichste; sie umfasst bis jetzt circa zwölfhundert gekannte und festgestellte Arten, die unter sich in den äusseren Körperformen ausserordentlich abweichen. Als eigentliche Normalgestalt kann man die Eidechsenform bezeichnen, obgleich viele Gattungen wenig Ähnlichkeit mit derselben haben. So erscheinen einige wurmförmig, andere haben kleine paarige Stummelfüsse, oder äusserlich nicht sichtbare Rudimente derselben, wieder andere gleichen mehr der biegsamen langgestreckten Schlange und sind von ihr von dem Unkundigen nicht zu unterscheiden. Endlich treten die Beine deutlich hervor, ohne aber die Möglichkeit ihres Gebrauches als solche zu zeigen, da sie fast fadenförmig an den Seiten des Leibes herabhängen, nicht entfernt mit der Körperschwere im Verhältnis stehen und beim Kriechen nur mechanisch die Gehbewegung machen, ohne das geringste zur Fortbewegung beizutragen, ja ohne selbst den Boden zu berühren. Bei anderen Arten werden die Beine stämmiger, der Leib kürzer und gedrungener, der Schwanz stumpft sich stummelartig ab; das Tier erhält ein ziemlich krötenartiges Aussehen und geht von hier in die Salamander- und endlich in die typische Eidechsenform über. Diese artet wieder durch allerlei Missbildungen aus: der Körper bedeckt sich mit Stacheln, Lappen, Kämmen, Krausen und erhält sogar eine Art Flügel (Flugdrache,

Draco volans); die Beine haben mit ihren Scharr-, Kletter- und Klebefüssen ähnliche Wandelungen durchgemacht. Alle diese neuen Gebilde erhalten eigentlich in dem Chamäleon (*Chamaeleon vulgaris*), welches gut ausgebildete Greiffüsse und einen Greifschwanz besitzt, ihren Abschluss. Das Chamäleon hat noch den Vorteil voraus, dass es sich beim Gehen und Klettern frei auf die Beine stützt, während seine Klassenverwandten dieselben nur ruderartig gebrauchen.

Aus dieser hier ganz oberflächlich angedeuteten Mannigfaltigkeit der Schuppenechsen in der äusseren Form ergiebt sich von selbst, dass deren Lebensthätigkeiten und geistigen Anlagen in demselben Maſse divergieren müssen. Bei der Reichhaltigkeit und teilweise sehr schweren Zugänglichkeit des Materiales, sowie der im grossen und ganzen stiefmütterlichen Behandlung dieses Stoffes seitens der Wissenschaft dürfte es noch lange dauern, ehe wir nur einen einigermaſsen sicheren Einblick in das Leben und Treiben dieser zahlreichen Tiersippe, die uns in vielen Fällen nur durch oft sich widersprechende Reiseberichte bekannt ist, gewinnen. Erwähnt sei noch, dass man bis jetzt in der ganzen Ordnung nicht eine einzige giftige Art gefunden hat, obgleich von unseren älteren Forschern, wenigstens für verschiedene Arten, das Gegenteil angenommen wurde.

Die Körperbedeckung besteht aus fast gleichen Gebilden wie bei den Schlangen; nur zeigt sie eine weit grössere Mannigfaltigkeit vorzüglich in der Art der Schuppen. Man unterscheidet sie ihrer Form nach in Körner-, Höcker-, Warzen- und Kegelschuppen und je nach ihrer Anordnung als geschindelt, gekielt, gewirtelt, dachförmig oder auch glatt; sie bedecken nicht nur den Rücken, beziehentlich den Hals, sondern erscheinen auch nicht selten an der Bauchseite. Der Bauch der Eidechsen ist mit Schildern gedeckt, die aber niemals, wie bei den Schlangen, eine, sondern mehrere Längs- und Querreihen bilden.

Die Kopfbedeckung ist ebenfalls, wie bei den Schlangen, vorherrschend aus Schildern zusammengesetzt;

sie treten jedoch bei den Schuppenechsen viel zahlreicher auf, erscheinen bedeutend kleiner und erschweren deshalb die Verständlichkeit einer näheren Beschreibung in hohem Grade. Die Benennung der Schilder ist im wesentlichen die gleiche wie die der Schlangen (siehe S. 7), sie bilden auch hier den wertvollsten Anhaltepunkt zur systematischen Einteilung der Echsen. Ich enthalte mich aus praktischen Gründen einer genaueren Zergliederung dieser Schilder; sie sind bei unseren wenigen und verhältnismässig kleinen deutschen Echsen im Jugendzustande wegen ihrer Kleinheit, im Alter oft wegen der zwischen ihnen sich bildenden Furchen nicht immer bestimmbar. Es liegt aber auch keine Notwendigkeit vor, dem Leser das Studium der immerhin komplizierten Einteilung der Kopfschilder zuzumuten, da sich schon aus den sehr abweichenden Körperverhältnissen genügende Unterscheidungsmerkmale von selbst ergeben.

Die deutschen Echsen, auf welche ich mich im weiteren beschränken werde, sind durchweg nützliche Tiere; sie nähren sich vorzüglich von Insekten und Würmern, welche sie mit grossem Geschicke und mit Ausdauer erbeuten. Es wird von einigen Autoren behauptet, dass die Eidechse nur lebende Tiere zu sich nimmt, die sie ganz verschlucke; als Regel mag dies richtig sein, ich habe aber andererseits bemerkt, dass unsere Tiere auch gedörrte Regenwürmer, Ameisen- und Raupenpuppen nicht verachten. Selbst kleine Stückchen Obst (Birnen und Pflaumen) verschluckten sie, wenn ich dieselben ihnen in das geöffnete Maul schob. Grössere Beute, die sie nicht ganz zu verschlucken vermögen, versuchen sie durch Andrücken an den Boden oder Gesteine zu zerteilen; Maikäfer z. B. werden von der grossen Smaragdeidechse (*Lacerta viridis*) nach einigem Zusammendrücken ganz, von der nächstkleinen Waldeidechse (*L. agilis*) nur teilweise verschluckt, indem sie den vorderen Teil des Maikäfers nebst den Flügeln abstreift und sich mit der hinteren Hälfte begnügt. Die Smaragdeidechse frisst, wie jede ihres Geschlechtes, ihre kleineren Verwandten; da ihr nun z. B. eine ausgewachsene Waldeidechse hierzu zu gross ist, fasst sie dieselbe am Schwanze und schüttelt sie so lange, bis dieser abbricht und von ihr verzehrt werden kann.

Trotz der kleinen seitlich gestellten Beine bewegen sich die Eidechsen doch sehr flink und anmutig. Die Fortbewegung wird nicht nur durch die ruderartig gebrauchten Beine, sondern auch durch die Bauchmuskeln und den Schwanz gefördert, durch Aufschlagen des letzteren an den Boden vermag unser Tier sogar leidliche Sprungbewegungen auszuführen, und das Klettern an senkrechtem Gesteine, an Gemäuer, Bäumen u. s. w. geschieht wegen der mit scharfen Krallen versehenen Zehen mit grosser Leichtigkeit, bei einigen Arten sogar ebenso schnell als das Laufen auf ebener Erde.

Unter den Sinnen steht zweifellos das Sehvermögen obenan und erhebt unsere Echse in Bezug hierauf weit über die ihr verwandte Schlange. Allerdings erregt auch bei ihr, wie bei allen Geschöpfen, ein sich bewegender Gegenstand leichter die Aufmerksamkeit als ein bewegungsloser; sie ist aber dabei so scharfsichtig für verhältnismässig kleine Entfernungen, dass sie beziehungsweise das menschliche Auge übertrifft. Ich fütterte beispielsweise meine Eidechsen mit frischen Ameisenpuppen und warf dieselben absichtlich ins hohe Gras, in dichtes Farrenkraut, Epheuranken, ja sogar finstere Steinspalten; die Tierchen fanden aber die kleinen Puppen so regelmässig und schnell, wie es schwerlich ein Mensch vermocht hätte.

Das Gehör hat ebenfalls einen gewissen Grad von Vollkommenheit, was vorzüglich bei der Jagd auf Eidechsen zu beachten ist. Je nach den Verhältnissen der Örtlichkeit kann man sich leicht davon überzeugen, dass die Eidechse ein nahendes Geräusch durch das Gehör wahrnimmt, noch ehe das Auge die Ursache desselben erkennen konnte. Händeklatschen z. B. von einem Verstecke aus, macht sie sofort stutzend und würde sie zur Flucht bringen, wenn sie nicht Neugierde und Dreistigkeit zurückhielten.

Der Geruchssinn scheint ebenso verkümmert zu sein wie bei den Schlangen, das Gefühl oder besser der Tastsinn nicht minder entwickelt als bei diesen. Die an den Seiten stehenden Augen vermögen nicht die ihnen gleichsam vor der Nase liegenden Gegenstände zu unterscheiden und da muss dann die tastende Zunge nachhelfen, oder das kleine Köpfchen wird in der zierlichsten Weise seitlich gedreht, um wenigstens mit einem der scharfen Augen untersuchen zu können. Die Vorliebe für gewisse Speisen, besonders das Belecken süsser Früchte, des Honigs u. s. w. lassen auch eine Geschmacksempfindung vermuten.

Die Echsen sind im allgemeinen gegen Witterungseinflüsse, Nahrungsmangel, mechanische Verletzungen u. s. w. bedeutend empfindlicher als die Schlangen. Kühle Witterung (bis zu 10° R.) wirkt geradezu lähmend auf sie ein; sie liegen dann, wenn sie nicht Gelegenheit haben, sich in wärmere Versteckplätze zurückzuziehen, mit geschlossenen Augen und hängendem Kopfe wie tot da und geben nicht einmal durch die sonst lebhafte Zungenbewegung ein Lebenszeichen von sich.

Während die Schlangen nach einmaligem Sattfressen monatelang ohne Schaden hungern können, bedürfen unsere Eidechsen viel öfter der Nahrung. Sie gleichen in dieser Beziehung den Vögeln, sie fressen eigentlich immer oder naschen vielmehr von allem Fressbaren, was ihnen in den Weg kommt. Wenn ich meine Eidechsen mit Regenwürmern überfüttert hatte, spieen sie nach kurzer Zeit einige derselben aus, die aber in der Regel sofort wieder angepackt und verschluckt wurden; hielt ich ihnen nun in diesem Augenblicke einen Schmetterling hin, so wurde auch dieser noch hinabgewürgt. Von grösstem Einflusse auf die Verdauung ist natürlich die Wärme; sie erhöht die Lebensthätigkeit und befördert somit den Stoffwechsel. In den heissen Sommermonaten ist der Nahrungsverbrauch mindestens zehnmal stärker als im Frühjahre und Herbste. Man muss zur rechten Zeit für hinreichende Nahrung sorgen, wenn man die Tiere zu überwintern beabsichtigt.

Obgleich unsere Echsen in Bezug auf die Reproduktion verlorener Gliedmafsen, vorzüglich des Schwanzes, eine hohe Befähigung besitzen, entbehren sie doch der Zählebigkeit, wie wir sie bei den Schlangen kennen gelernt haben. Eine Verstümmelung des Schwanzes, der, beispielsweise bis zur Hälfte abgebrochen, in zwei Jahren bis zu seiner ursprünglichen Länge nachwächst, wird dem Tiere nicht gefährlich, beeinträchtigt es aber in seinen Bewegungen und somit auch in seiner Verteidigung und Ernährungsfähigkeit. Andererseits genügt auch eine geringe Quetschung, ein unsanfter Druck beim Fangen, ein Fallenlassen, vorzüglich sehr junger Tiere, auf steinigen Boden u. s. w. um eventuell den sofortigen Tod herbeizuführen. Ehe ich durch Erfahrungen gewitzigt wurde, transportierte ich Schlangen und Eidechsen zusammen in Leinwandsäckchen und fand nicht selten letztere erdrückt.

Im April kommen unsere Tiere aus ihren meist unterirdischen Winterquartieren zum Vorscheine. Sie sind noch träg und unbehülflich und wagen sich deshalb kaum aus ihren Verstecken hervor, liegen vielmehr, mit halber Leibeslänge aus dem Loche hängend, halbe Tage lang im Sonnenschein und ziehen sich mit Weggang der Sonne zurück. Mit Zunahme des warmen Wetters werden sie munterer und dreister und fangen an zu fressen. Von Mitte Mai an entledigen sie sich ihres Winterkleides, d. h. sie häuten sich zum erstenmal, indem sie ihre alte Haut stückweise durch Reiben an rauhen Gegenständen abstreifen, oder auch im Kampfe mit einem Nebenbuhler verlieren. Nach Ablegung des Winterkleides erscheinen sie im Hochzeitsgewande; die Farbentöne und Zeichnungen treten so grell als möglich auf; besonders sind es die Männchen, welche, schon an sich lebhafter gefärbt als die Weibchen, in wahrhaft prachtvollen Farben sich präsentieren. Nach der Begattung oder auch mit der vorrückenden Jahreszeit erblassen die Farben und werden auch durch eine zweite etwa im September erfolgende Häutung nicht wieder bis zu der früheren Intensität aufgefrischt. Viele Autoren wollen eine allmonatliche Häutung beobachtet haben; meine Erfahrungen widersprechen dieser Annahme auf das bestimmteste.

Die Paarung fällt in die letzte Hälfte des Mai und währt bis Mitte Juni, natürlich kann diese Zeit je nach den Witterungsverhältnissen wesentlichen Schwankungen unterliegen. Die meisten unserer Echsenarten legen Eier, die circa zwei Monate zu ihrer Ausbildung im Mutterleibe und nach dem Legen einer ebensolangen Zeit zur Nachreife bedürfen; zwei andere Arten bringen lebendige Junge zur Welt, die circa drei Monate bis zu ihrer vollkommenen Reife im Mutterleibe brauchen. Die Jungen werden, wie bei den lebendig gebärenden Schlangen, in eine Blase gehüllt zur Welt gebracht, welche von ihnen bald durchstossen und durch Andrücken an den Boden abgestreift wird. Die eierlegenden Echsen verscharren die Eier in selbstgegrabene Löcher und decken dieselben wieder sorgsam mit demselben Materiale zu. Weiter erstreckt sich die elterliche Fürsorge nicht; im Gegenteil sind die später aus dem Ei kriechenden und die lebendig geborenen Tierchen von ihren eigenen Eltern zunächst bedroht. Am häufigsten artet in dieser Beziehung die Blindschleiche (*Anguis fragilis*) aus, welche ihre eigenen eben erst gelegten Jungen für Regenwürmer zu halten scheint und demgemäss ihren Appetit mit ihnen stillt.

Der Winterschlaf gleicht dem der Schlangen (S. 23) bis auf nur ganz geringe Abweichungen, die ich an den betreffenden Stellen genauer angeben werde. Hier sei nur erwähnt, dass nach meinen Überwinterungsversuchen im Terrarium die Eidechsen trotz gleicher örtlicher Verhältnisse von der Kälte mehr zu leiden hatten als die Schlangen. Möglicherweise findet dieser Umstand eine Erklärung dadurch, dass die Schlangen, weniger fahrlässig als die Eidechsen, sich in tiefer liegendere Schlupfwinkel verbargen.

Die Eidechsen bedürfen in der Gefangenschaft einer besonders sorgsamen Abwartung. Der Käfig sei möglichst gross in seinem Flächengehalte, nur wenig hoch (etwa $^1/_2$ Meter genügt), der Boden wird 10 cm hoch mit Gartenerde gefüllt; hier und da wird durch dazwischen gelegte Steine für Höhlungen gesorgt; die Erde darf nicht zu nass werden, es erscheint deshalb ratsam, die anzubringenden Gewächse vorher in niedere Blumenscherben zu verpflanzen, welche man mit Untersetzern versehen in die Erde eingräbt, um auf diese Weise beim Begiessen nicht den ganzen Boden in Mitleidenschaft ziehen zu müssen. Zwei an den Seitenwänden angebrachte Fenster, sowie der halb aus Glas und halb aus Drahtgaze herzustellende Deckel geben dem Beschauer und den Tieren das nötige Licht, und die niedrige Form des Käfigs ermöglicht den Zutritt der den Tieren unentbehrlichen Sonnenstrahlen. An irgend einer Stelle des Kastens wird ein kleines durch einen Kork verstopfbares Loch eingebohrt, um Fliegen und andere Insekten durchstecken zu können. Selbstverständlich darf die oben erwähnte Drahtgaze nicht so weitmaschig sein, dass sie den Stubenfliegen den Durchgang gestattet. Die Beschaffung von Insekten wird etwas mühsam und zeitraubend, als Ersatz gebe man den Echsen etwa aller zwei Wochen eine genügende Menge Regenwürmer oder Mehlwürmer, welche leichter zu beschaffen sind.

Während der Begattungszeit der Echsen menge man sich nicht in deren Liebeshändel, indem man den anscheinend schwächeren oder unterliegenden Tieren zu Hülfe zu kommen sucht, betrachte vielmehr die zu dieser Zeit statthabenden hartnäckigen Kämpfe als eine Notwendigkeit und vermeide jede wenn auch gut gemeinte Störung.

Zur Legezeit sind besonders die eierlegenden Weibchen der Waldeidechsen zu beobachten. Sie untersuchen gewöhnlich schon acht Tage vor dem Legen den Boden, bis sie eine passende Stelle gefunden haben, an welcher ein ungefähr 10 cm tiefes Loch zur späteren Aufnahme der Eier gegraben wird. Will man dieselben mit Sicherheit zur vollkommenen Reife bringen, so ist es besser, ihnen ein naturgemässeres Quartier zu verschaffen, als es der Kasten bietet.

Man nimmt zu diesem Behufe ein kleines Kistchen, Topf, Blumenscherben oder dergleichen, aus denen man zunächst den Boden entfernt. Dann wird das betreffende Gerät an einem sonnigen Plätzchen bis etwas über seinen oberen Rand eingegraben, hierauf soweit mit lockerer Gartenerde gefüllt, dass reichlich 10 cm bis zum Niveau des Erdbodens freibleiben; dann legt man die Eier behutsam nebeneinander darauf und bestreut sie so lange mit Erde, bis das Gerät gefüllt ist, welches nun oben mit etwas Drahtgaze verschlossen wird; die jetzt noch vorhandene Differenz mit der Bodenebene kann unter Umständen wieder mit Erde ausgeglichen werden, um das Ganze den Augen Unberufener zu entziehen. Nach Verlauf von acht bis zehn Wochen, während welcher Zeit man die Eier sich selbst überlassen hat, nimmt man vorsichtig die Drahtgaze ab und wird zu seiner Befriedigung unter derselben in dem hier durch das Zusammendrücken der Erde entstandenen Raume die kleinen flinken Tierchen vorfinden. Ist man ungewiss über das Alter der aufgefundenen Eier, oder sind sie von verschiedenem Alter und von verschiedenen Eltern, so verkürzt man die Zeit ihrer eben angeführten Aufbewahrung nach Mafsgabe des angenommenen maximalen Alters derselben und bringt sie die letzte Zeit vor der Fruchtreife in feuchtzuhaltendes Moos unter. Man benutzt hierzu ein weites Fischglas, legt es bis zur Hälfte mit festgedrücktem Moose aus, in welches eine nestartige Höhlung für die Eier gebildet wird und deckt dieselben in der Weise zu, dass sie nicht in direkte Berührung mit den Sonnenstrahlen, denen das Glas ausgesetzt ist, gebracht werden, ohne dem Auge des Beobachters entzogen zu sein.

Die Fütterung der kleinen Echsen ist etwas umständlich. Man benutzt hierzu vorzüglich möglichst kleine Regenwürmer, die man in mehrere Teile zerlegt. Kleine Insekten verschafft man sich vermittelst eines möglichst tiefen Schmetterlingsnetzes, mit welchem man trockene Wiesenränder abstreift und das man dann zubindet. Auch kleine unreife Ameisenpuppen, Fleisch- und Käsemaden, kleine Stubenfliegen, sogar Ameisen bilden ein nicht sehr schwer herbeizuschaffendes Futter.

Nicht blos der Gefahr wegen, welche den jungen Echsen von seiten der älteren droht, sondern hauptsächlich wegen der Fütterung mit kleinen Insekten und des Bedarfes an Wärme und Licht ist es nötig, die kleinen Tierchen von den erwachsenen zu trennen und in den Umständen angepassten anderen Behältnissen unterzubringen. Auch hierzu benutzte ich ein grösseres Fischglas, dessen Boden mit Erde bedeckt und dann mit lockerem Moose versehen wird. Die Öffnung verschliesst man mit dichter Stoffgaze in deren Mitte man ein kleines Loch sticht, um gelegentlich Insekten durchstecken zu können. Der Saufnapf muss möglichst flach sein, damit die kleinen Echsen bequem durchspazieren und etwa hineingefallene Insekten erbeuten können.

Von allen hier beschriebenen Tieren, die Amphibien nicht ausgenommen, sind es die Eidechsen, welche beim Überwintern in der Gefangenschaft eine besondere Aufmerksamkeit beanspruchen. Bei der Versorgung in geheizten Räumen bestehen sie zwar den Winter, erhalten aber zum Frühjahre selten ihre volle Lebenskraft wieder und führen den Sommer über ein wahres Traumleben, wenn sie nicht schon vor dieser Zeit dahingesiecht sind. Meinen Erfahrungen nach ist ihnen der Aufenthalt in geheizten Räumen noch gefährlicher als den Schlangen, d. h. sie vertragen den Temperaturwechsel noch weniger als diese. Zweckdienlich ist es also, die Tiere im Herbste in ein ungeheiztes Zimmer zu bringen und sie dort der Sonne und eventuell der frischen Luft bei geöffneten Fenstern auszusetzen. Fällt die Temperatur bis unter 3° Wärme, dann nimmt man mit dem Käfige insofern eine Veränderung vor, als man alles, was bisher zur Ausschmückung desselben diente, daraus entfernt und an dessen Stelle Moos, kurzes Heu oder Häcksel in solcher Menge hineinsteckt, dass der Raum ziemlich gefüllt wird. Die Tiere flüchten sich in die ihnen zusagenden Verstecke, wo man sie nicht stören darf; geschieht dies doch, so kriechen sie hervor und suchen vergeblich ein neues Versteck, weil ihnen meist die Kraft und Sinnesthätigkeit hierzu abgeht.

In meinem Terrarium und höchst wahrscheinlich auch in der Freiheit kommen unsere Eidechsen noch bei 5 Grad Wärme zum Vorscheine; sie kriechen mit niedergehender Sonne langsam und schwerfällig in ihr Versteck zurück, von dem sie sich kaum ein Meter weit entfernt hatten. Es kommt aber auch vor, dass sie durch plötzlichen Temperaturwechsel überrascht werden, sodass die eine oder andere das Versteck nicht mehr erreicht, weil ihre steif werdenden Glieder und die Abnahme der Körperfunktionen überhaupt ihr dies unmöglich machte. Sie fallen dann gewöhnlich der kälteren Nacht zum Opfer. Ein gleiches Schicksal fanden die Tiere, welche ich aus irgend einem Grunde vom Boden aufnahm und sie absichtslos an einer entfernteren Stelle des Terrariums wieder an den Boden setzte. Die niedere Temperatur hatte den Ortssinn der Tiere in der Weise geschwächt, dass sie ihre Zufluchtsstätte nicht zu erreichen vermochten.

In Deutschland haben wir es nur mit zwei Familien dieser nützlichen Tiere zu thun von denen die eine, Wühlechsen (*Scincoidae*), auch nur in einer Gattung vertreten ist. Die zweite Familie, Eidechsen (*Lacertidae*), ist zwar in vier Arten vorhanden, aber zwei von ihnen können wir nicht als heimatsberechtigt anerkennen, da sie nur Ausläufer der in südlicheren Gegenden vorkommenden Arten bilden.

Blindschleiche (*Anguis fragilis*).

Unsere allbekannte Blindschleiche gehört zu der Familie der Wühlechsen (*Scincoidea*) und vertritt die Gattung der Bruchschleichen (*Anguis*). Der ihr durch den Volksmund erteilte Name „Blindschleiche“ ist schwer zu erklären, da unser Tier, wenn auch sehr kleine, doch deutlich sichtbare, scharfblickende Augen besitzt. Dem Familiennamen „Wühl- oder Sandechse“ entspricht sie auch nur unvollkommen; sie „wühlt“ sich nur in ganz lockeren Wald- oder Wiesenboden und bleibt in dieser Beziehung weit hinter den meisten ihrer Verwandten zurück. Die in festem Lehm- oder Thonboden aufgefundenen Blindschleichen verdanken ihre Höhlungen meist anderen Tieren (Regenwürmern, Käfern), oder haben sich dieselben zu einer Zeit gebohrt, wo der Boden noch ganz locker war; durch öftere Benutzung beim Aus- und Einkriechen sind dann die kleinen etwa fingerstarken Löcher beim Festerwerden des Bodens vor dem Eindrücken bewahrt geblieben. Auch die Bezeichnung „Sandechse“ deckt sich nicht vollkommen, wenn dadurch der bevorzugte Aufenthaltsort der Blindschleiche angedeutet werden soll. Sie liebt vorzüglich den Nadelwald und fragt wenig darnach ob der Boden sandig, lehmig, thonig oder steinig ist; sie steigt sogar im Gebirge 3000 Fuss über den Meeresspiegel. Ihr eigentlicher Gattungsname „Bruchschleiche“ ist der Brüchigkeit des Schwanzes entlehnt, die auch zu den weiteren Namen

„Glasschleiche“, „Bruchschlange“ u. s. w. Veranlassung gegeben hat.

Die Blindschleiche hat einen fast drehrunden, schlangenartigen, fusslosen Körper; der Kopf setzt sich vom Halse beim Männchen gar nicht, beim Weibchen nur wenig ab. Der Schwanz ist bei ersterem bedeutend kürzer als der Leib und verläuft in einer stumpfen Spitze; beim Weibchen übertrifft derselbe meist die Leibeslänge, indem er sich nur allmählich nach hinten verdünnt, um in einem mehr oder weniger spitzen Ende auszulaufen. In beiden Geschlechtern ist der Schwanz dem Körper ohne merkliche Einschnürung angesetzt. Die Gesamtlänge des ausgewachsenen Weibchens beträgt circa 40 cm; das Männchen bleibt wegen seines kürzeren Schwanzes etwas hinter diesem Maſse zurück.

Der kleine länglichrunde Kopf schliesst sich nach vorn stumpfspitzig ab. Die Nasenlöcher liegen zu beiden Seiten der Schnauzenspitze in der Mitte des sogenannten Nasenschildes. Die kleinen Augen mit gelblichroter Iris besitzen zwei längsgespaltene Lider. Die Ohröffnungen sind unter der Haut versteckt. Die Kieferränder sind mit zahlreichen kleinen Zähnen versehen; der Gaumen ist unbezahnt.

Die den ganzen Körper bedeckenden, glatt anliegenden meist sechseckigen Schuppen sind auf dem Rücken und der Unterseite am grössten; an den Seiten erscheinen sie mehr rund und verkleinert, am Kopfe gehen sie in kleine Schildchen oder Tafeln über, die behufs ihrer Einteilung (s. oben) mit entsprechenden Namen belegt sind.

Die Zeichnung und Färbung der Blindschleiche ist ziemlich eintönig. Der Rücken des Weibchens fällt gewöhnlich ins Braungraue nnd springt an den Seiten mit scharfer Abgrenzung ins Schwarzbraune über. Das Männchen zeigt auf dem Rücken meist ein Silber- oder Bleigrau, welches an den Seiten erst nach und nach in dunkelere Färbung übergeht. Der Leib ist bei beiden Geschlechtern schwärzlich oder geradezu schwarz gesprenkelt. Auf der Mitte des Rückens zieht sich ein 1 mm breiter nahtartiger

Strich, der aber nicht immer erkennbar bleibt. Frischgehäutete und ganz junge Tiere sind metallglänzend, letztere erscheinen in ganz hellem, fast weisslichem Kolorit; nur der Bauch und die Seiten heben sich geradlinig abgegrenzt schwärzlich ab. Frischgeborene Tiere zeigen keine Unterschiede in Farbe und Zeichnung; die durch das Geschlecht bedingten Abweichungen machen sich erst nach und nach geltend. Übrigens weichen die älteren Exemplare je nach dem Aufenthaltsorte, nach Alter und nach vorhergegangener oder bald eintretender Häutung in der Färbung nicht unbedeutend von einander ab, und man wird nicht so leicht ein Paar ganz gleiche Exemplare finden.

Unsere nützlichen Blindschleichen führen eine ziemlich bescheidene Lebensweise. Am Tage kommen sie nur wenig hervor; sie scheinen das Bedürfnis der Sonnenwärme nicht in dem Maſse zu besitzen, als ihre vierbeinigen Verwandten, die Eidechsen. Gewöhnlich trifft man die Blindschleiche am Tage unter überhängendem Gesträuche, in hohem Grase, Heidelbeerkraute, Moose u. s. w., wo sie nicht den direkten Strahlen der Sonne ausgesetzt ist. Bei starker Hitze und Trockenheit sucht man sie jedoch auch hier vergebens, hingegen kommt sie am frühesten Morgen und gegen Abend oft zahlreich zum Vorscheine. Eine Ausnahme von diesen Regeln findet an gewitterschwülen warmen Tagen statt; sie zeigen sich bei dieser Gelegenheit oft massenhaft und selbst an Stellen, wo man ihre Anwesenheit bis dahin nicht vermutet hatte. Ich fand einmal nach einem sanften Gewitterregen auf einem etwa 200 Schritte langen Rainwege vierzehn Stück, ohne vorher bei öfterer Benutzung dieses Weges auch nur eine einzige bemerkt zu haben. Diese Abnormität erklärt sich sehr leicht dadurch, dass mit eintretendem oder zu erwartendem Regenwetter die Regenwürmer höher treten und unseren Echsen nun leichter zur Beute fallen. Auch die kleinen Nacktschnecken kommen bei feuchter Witterung sowie des Morgens und Abends hervor und bilden für die Blindschleiche einen Leckerbissen.

Ihre Bewegungen sind etwas steif und ungelenk; die zur Fortbewegung nötigen Seitenwendungen sind weitbogiger als bei den Schlangen und machen deshalb den Eindruck der Unbehülflichkeit. Auf rauhem oder bewachsenem Boden jedoch weiss sie ziemlich schnell fortzukommen, dem Beobachter will es aber fast scheinen, als ob sie mehr von unsichtbarer Kraft fortgeschoben würde, da die anscheinend geradlinige steife Körperhaltung kaum die Muskelthätigkeit verrät. Andererseits entwickelt sie eine grosse Kraft beim Umschlingen oder Anhaften an irgend welche Gegenstände. Findet man sie z. B. mit halber Leibeslänge aus einem Erdloche hängend und versucht es, sie vorsichtig herauszuziehen, dann stemmt sich das Tier in einer Weise dagegen, dass es sich eher zerreissen lässt als nachgiebt (vergl. S. 50). Ich transportiere die gefangenen Blindschleichen in kleinen Säckchen; beim Öffnen finde ich sie regelmässig durcheinander geschlungen und fest zusammenhaltend; habe ich nun mit Mühe ein Exemplar aus dem Haufen bis auf die letzte Schwanzhälfte herausgewunden, dann hält es mit derselben noch so fest, dass man die übrigen 8—10 Stück an ihm hängend vom Boden aufheben kann. In die Hand genommen schlingen sich unsere Tiere gern um die Finger und kriechen zwischen denselben durch; dabei drücken sie die Finger mit einer Kraft zusammen, die man den scheinbar so ungelenken kleinen Tierchen gar nicht zutraut.

Bei Aufnahme der Nahrung geht die Blindschleiche mit einer gewissen Bedächtigkeit zu Werke; sie nähert sich langsam der Beute, besieht sie durch entsprechende Seitenwendung des Kopfes und macht endlich gemächlich Anstalt, zum Angriffe überzugehen, indem sie mit dem Köpfchen etwas in die Höhe geht, den Rachen öffnet und mässig schnell niederfährt. Die Beute wird gegen den Boden gedrückt und auf diese Weise fest angebissen, dann wartet die Echse kurze Zeit bis die Windungen des Opfers durch dessen Matterwerden nachgelassen haben, und nun erst beginnt sie mit dem Verschlingen, welches je nach der Grösse des Wurmes lange oder kurz währt. Nach jedem verschluckten Regenwurme — sie nimmt deren drei bis vier mässiggrosse auf eine Mahlzeit — streicht sie sich höchst zierlich links und rechts das Maul am Boden ab und schaut dann begehrlich wegen neuer Nahrung nach ihrem Pfleger, dem sie schon nach wenigen Tagen der Gefangenschaft das Futter aus der Hand nimmt.

Jedenfalls bilden Würmer, Nacktschnecken und nackte Raupen die einzigen Nahrungsstoffe der Blindschleiche; sie würde auch schneller sich bewegende Tiere nicht erfassen können. Um so bedauernswerter ist es, dass diese so nützlichen und unschuldigen Tierchen alljährlich noch immer zu Tausenden der Roheit und Unwissenheit der Menschen zum Opfer fallen. In manchen Gegenden wird die Blindschleiche von dem Landmanne weit mehr als die Schlangen gefürchtet. Sie gilt ihm als die einzige Giftschlange, die gerade wegen ihrer Kleinheit und Verborgenheit um so gefährlicher sei. Dass hier nicht blos im Interesse der Moral, sondern besonders aus Nützlichkeitsgründen eine nachdrückliche Aufklärung am Platze wäre, liegt auf der Hand, und von wo aus könnte dieselbe zweckdienlicher kommen als von der Schule?

Im Mai beginnt die Paarung. Das Männchen hält sich in der Nähe des Weibchens auf und versucht verschiedenemal vergebens sich dessen Gunst zu erwerben. Ist endlich beiderseits der Wunsch vorhanden, dann wird das Weibchen von dem Männchen in der Nähe des Halses gepackt und auf den Boden gedrückt; beide Tiere nähern sich nun mit dem After und verbinden sich geschlechtlich, indem sie mit dem Leibe je einen Halbbogen bilden und in dieser Lage drei bis vier Stunden verbleiben.

Nach etwa zwölf Wochen wirft das Weibchen fünf bis fünfzehn lebendige Junge, welche die sie umhüllenden zarten Bläschen schon in der nächsten Minute durchstossen. Die kleinen etwa 6—8 cm langen Tierchen sind sehr schwer zum Fressen zu bewegen, zumal wenn sie erst im Spätherbste (einzelne Weibchen gebären erst im Oktober statt Mitte August) zur Welt gekommen sind (vergl. S. 75). Einige Autoren geben die höchste Zahl der von einem Weibchen geworfenen Jungen bis zu 25 Stück an. Ich habe nie mehr als 15, und so viele auch nur ausnahmsweise, gebären sehen. Die Durchschnittszahl ist 6—8 Stück und richtet sich nach dem Alter des Weibchens, welches überhaupt erst mit dem fünften Jahre geschlechtsreif wird; auch ist bei noch jungen Weibchen das zuerst und das zuletzt geborene Junge nicht selten eine Fehlgeburt.

Unser Tier ist, wie schon erwähnt, vollkommen unschädlich und seinen zahlreichen Feinden gegenüber vollständig machtlos. In hundert Fällen kommt es höchstens einmal vor, dass eine Blindschleiche beim Gefangenwerden zubeisst. Natürlich ist der Biss weder schmerzhaft noch nachteilig, obgleich das Tier nicht gleich wieder loslässt. Bei dem Transporte in einer Botanisierbüchse hatte sich einmal eine Blindschleiche so fest in die Bauchseite einer Schlingnatter, ihrer Todfeindin, eingebissen, dass ich letztere nur befreien konnte, indem ich die Blindschleiche ins Wasser tauchte. Alle vorherigen Versuche, beide Tiere zu trennen, waren vergeblich geblieben; setzte ich beide auf den Boden und überliess sie sich selbst, dann kroch die Schlingnatter umher, ohne sich im mindesten um die ihr anhaftende Blindschleiche zu kümmern, oder irgend einen Schmerz zu verraten.

Ausser diesem und den vorher erwähnten Ausnahmefällen habe ich nie bemerkt, dass die Blindschleiche ihre ohnehin zur Verteidigung so gut wie unbrauchbaren Zähnchen anders als zum Festhalten der Beute benutzte. Meistens wehrt sie sich aber dadurch, dass sie beim Erfasstwerden ganz plötzliche und unerwartete Bewegungen ausführt, die bei ihrem aalglatten Leibe um so wirksamer sind und ihr das Entwischen, wenn auch zuweilen unter Zurücklassung eines Schwanzstückchens, gelingen lassen. Der abgebrochene Schwanz ergänzt sich übrigens nicht wieder, wie bei den Eidechsen, sondern verwächst an der Bruchstelle zu einem eichelartigen Stumpfe.

Zum Einfangen der Blindschleiche benutze man die oben angedeuteten Gelegenheiten, wo man sie ausserhalb ihrer Verstecke findet. Zu anderen Zeiten ist man mehr oder weniger auf den Zufall angewiesen. Lohnend ist es, den Inhalt ausgehöhlter Baumstumpfe bis auf ziemliche Tiefe zu untersuchen und grössere alleinliegende Steine umzuwenden; hier wie dort wird man öfter pärchenweise diese Tiere antreffen. Sie halten sich auch in Ameisenhaufen auf, deren Insassen ihr, wie es scheint, nichts anzuhaben vermögen; es wäre aber höchst unverständig, einer Blindschleiche wegen die Wohnung so vieler tausende, dem Walde höchst nützlicher Tiere zerstören zu wollen.

Waldeidechse (*Lacerta agilis*).

Unsere deutschen Eidechsen (*Lacertidae*) gehören sämtlich zu der Gattung der Halsbandeidechsen (*Lacerta*), d. h. sie besitzen am Halse eine krausenartige, von grösseren Schuppen gebildete verschiebbare Hautfalte, welche, bei jeder Art verschieden, als ein wesentliches Unterscheidungsmerkmal gelten kann. Alle haben einen schlanken, gestreckten Leib, einen nach vorn verschmälerten, an den Seiten kantig abfallenden Kopf, einen Schwanz, gewöhnlich länger als Kopf und Rumpf zusammengenommen, vier fünfzehige Beine, von denen die hinteren stärker entwickelt sind als die vorderen, ein freiliegendes Trommelfell, längsgespaltene Augenlider, von denen das untere etwas grösser ist, und endlich eine tiefgespaltene, in eine Scheide zurückziehbare Zunge.

Die in Deutschland verbreitetste und gemeinste Art ist die Wald- oder Zauneidechse. Sie wird bis zu 22 cm lang. Der Kopf ist etwas dick, hinter den Augen zu beiden Seiten ein wenig aufgetrieben, stumpfschnäuzig. Das Halsband ist gezähnelt und besteht aus 8 bis 11 nach innen zu schindelförmig übereinander liegenden Schuppen.

Die Beine sind kurz, die vorderen erreichen nicht das Auge, die hinteren nicht die Rückenmitte. Letztere sind mit 11—14 Schenkelporen (eine naht- oder punktartig sich darstellende, vom After nach dem Knie hinziehende Drüsenreihe) besetzt. Der mit gewirtelten Schuppen bekleidete, spitz auslaufende Schwanz ist einhalbmal grösser als der übrige Körper. Von den in acht Längsreihen geordneten Bauchschildern sind die der zwei mittelsten Reihen die kleinsten, die der jeseitig sich anschliessenden Doppelreihen die grössten, während die an der Bauchkante sich befindlichen an Grösse nicht viel die ihnen anliegenden Seitenschuppen übertreffen. Der Rücken wird mit ganz schmalen dachig gekielten Schuppen bekleidet, die hier noch einmal so lang als breit sind; an den Seiten verbreitern sich diese Schuppen und erscheinen nun mehr quadratisch.

In Zeichnung und Färbung sind die einzelnen Exemplare je nach Standort, Geschlecht und Alter bedeutend verschieden, und es lassen sich hier kaum bestimmte Normen aufstellen. In der frühesten Jugend wird die graubraune Grundfarbe vorzüglich an den Seiten durch zahlreiche kleine weisse Pünktchen mit schwärzlichem Rande unterbrochen. Auf dem Rücken zeigen sich oft mehrere Streifen, die im Alter gewöhnlich zu einem breiten Rückenbande zusammenfliessen. Der Bauch ist schmutzigweiss. Im späteren Alter geht die Grundfarbe in ein tiefes Braun über. Die erwähnten weisslichen Pünktchen werden durch den sie umgebenden schwärzlichen Rand, der an Grösse allmählich zunimmt, oft in verschiedene Formen verwandelt. An den Seiten bleiben sie gewöhnlich rund und erscheinen dann im Verein mit der schwärzlichen Umgrenzung augenartig; mehr nach dem Rücken zu tritt das Weisse strichförmig auf, indem es zugleich der Länge nach die dunkele Schattierung durchschneidet. Es bilden sich nach und nach durch Zusammenfliessen und Grösserwerden der Augenflecke Streifen, welche bei einzelnen Exemplaren sogar die Rückenmitte überziehen, gewöhnlich aber nur an den Seiten vorhanden sind. Beim Männchen treten diese Streifen während der Begattungszeit fast ganz zurück, indem sie von einem die Bauchseite und einen Teil der Beine bedeckenden Smaragdgrün überstrahlt werden. Die in der Jugend schmutzigweisse Färbung des Bauches geht im Alter beim Männchen in Weissblau, beim Weibchen ins Gelbliche über.

Kecker und dreister als alle übrigen Arten bildet die Waldeidechse in meinem Terrarium das die grösste Lebendigkeit entfaltende Element. Tritt man bei Sonnenschein an die Umfriedigung, so kommen sie zu Dutzenden nahe an dieselbe heran und versuchen sogar an ihr in die Höhe zu klettern; eine will der anderen in Erwartung des gewohnten Futters den Rang ablaufen. Sie drehen das Köpfchen nach der Höhe und beobachten aufmerksam jede Armbewegung, laufen auch nach der betreffenden Stelle, wo etwa nach einem ihnen vorgetäuschten Wurfe das betreffende Beutestück hingefallen sein würde. Wirft man ihnen eine Hand voll Regenwürmer vor, dann suchen sie schnellstens die gemachte Beute in Sicherheit zu bringen, d. h. sie verlassen den Schauplatz, indem sie zugleich den ihnen entgegenkommenden oder nacheilenden Verwandten geschickt aus dem Wege zu gehen suchen. Oftmals wird ein Regenwurm von zwei Eidechsen zugleich gepackt; bei dem gegenseitigen Hin- und Herzerren gesellt sich wohl auch noch eine dritte hinzu, die nun allsamt in der Hoffnung in den alleinigen Besitz des Wurmes zu kommen, anfangs nach drei verschiedenen Richtungen mit demselben zu enteilen versuchen. Nach vergeblichen Anstrengungen kommt endlich halb freiwillig halb gezwungen eine allen drei Tieren passende Fluchtlinie zustande; sie eilen mit emporgehaltenen Köpfen und fest in den Regenwurm verbissen dahin, bis die eine oder die andere durch irgend ein im Wege stehendes Hemmnis abgestreift wird.

Welch hohen Grad geistiger Befähigung unsere Tiere besitzen, glaube ich beispielsweise darin finden zu müssen, dass meine Eidechsen, um den Fütterungsplatz aufzusuchen, nach der Seite zu eilen, von welcher ihre Gefährten mit dem Regenwurme im Maule zurückkehren; sie haben sich wohl gemerkt, dass die Portionen so reichlich sind, dass auch sie noch etwas vorfinden. Sehr bemerkbar machen sich bei solchen Gelegenheiten die noch nicht eingewöhnten Tiere. Aus Scheu und Furcht wagen sie sich trotz allem Hunger nicht ganz in die Nähe des Menschen und lassen deshalb ihren dreisteren Mitgefangenen, um mich einer landläufigen Redensart zu bedienen, die Kastanien aus dem Feuer holen, während sie sich aufs Wegelagern legen und ihnen später die Beute wieder abjagen.

Eigentümlich ist es, dass die sonst rauflustigen Tiere selten oder gar nicht des Futters wegen in Thätlichkeiten übergehen. Sie suchen sich zwar gegenseitig die Beute zu entreissen, aber nicht dadurch, dass sie sich untereinander beissen. Viel anders verhält es sich, wenn die Eifersucht ins Spiel kommt und die gegnerischen Männchen die Stärke ihrer Kinnladen in Anwendung bringen. Äusserst zierlich sieht es, wenn zwei solche Nebenbuhler mit offenem Maule, hochgerecktem Halse und etwas nach unten geneigtem Kopfe aufeinander losgehen. Da plötzlich verändert der eine sein ganzes Benehmen und ergreift schmählich die Flucht; der andere, nun noch zorniger geworden, setzt ihm eiligst nach, und fort gehts im wilden Jagen, oft verhältnismässig weit bis das fliehende Männchen von dem verfolgenden eingeholt wird. Der nun stattfindende Kampf nimmt zwar nie einen tötlichen Ausgang, kostet aber sehr oft dem einen oder anderen Teile ein Stück Schwanz, mitunter wird auch bei diesem Streite die Oberhaut abgezogen, wenn solches nicht schon vorher stattgefunden hatte.

Nicht minder interessant als die soeben beschriebenen Vorgänge ist der eigentliche Begattungsakt. Die Bewerbungen des Männchens sind so unzweideutig und selbstredend, dass dem mitunter gleichgiltigen Weibchen bald aller Zweifel benommen werden muss. Ersteres geht trippelnd um letzteres herum, stösst es wohl auch sanft an, als wollte es das Weibchen auf sich aufmerksam machen, thut ihm aber nie Gewalt an. Erst wenn das Weibchen durch gleichartige zappelnde Bewegungen seine Bereitwilligkeit zu erkennen gegeben, wird es vom Männchen etwas oberhalb der Hinterbeine mit dem Maule gepackt und seitlich so herumgedreht, dass der Leib ziemlich nach oben zu liegen kommt; nun steigt das Männchen mit einem Hinterbeine über das Weibchen und nähert sich mit seinem After dem des letzteren. Beide Gatten bleiben nur einige Minuten geschlechtlich verbunden, dann giebt das Männchen das Weibchen frei und beide laufen in oft entgegengesetzter Richtung fort, ohne irgend weitere Notiz von einander zu nehmen. Im Terrarium habe ich beobachtet, dass der erwähnte Akt mehrmals an demselben Tage ausgeführt wurde, wobei nicht nur die Männchen mit den Weibchen, sondern auch umgekehrt letztere mit ersteren wechselten.

Die trächtigen Weibchen graben oft schon acht Tage vor dem Legen einen kleinen Höhlengang, der so angelegt wird, dass ihnen das Umdrehen in demselben ermöglicht ist. Die Arbeit dauert je nach dem festen oder lockeren Boden, mehrere Tage und wird besonders in den Früh- und Abendstunden ausgeführt, ja in dringenden Fällen arbeitet das Tierchen sogar des Nachts. In den Zwischenpausen wird der Eingang zur Höhle zugescharrt. Dies geschieht mit dem Kopfe und geht ziemlich schnell. Bei Wiederaufnahme der Arbeit kratzt unsere Echse die lockere Erde wieder auf, schlüpft in die entstandene Öffnung und schiebt mit dem Vorderteile des Kopfes das noch vorhandene oder von neuem aufgekratzte Erdreich an die Oberfläche.

Das Legen der Eier geschieht meistens in der Nacht oder in frühester Morgenstunde; das Tier begiebt sich zu diesem Zwecke in die eben beschriebene Höhle und legt hier so viel Eier als es ihm der Raum gestattet; ist dieser ausgefüllt, dann kriecht es nach dem Ausgange und schiebt die hier gelegten Eier mit der Schnauzenspitze zu den übrigen. Das Ganze wird nun mit dem ausgescharrten Materiale zugedeckt und geebnet, und das Tierchen verlässt hierauf höchst ermattet und zusammengefallen den Schauplatz seiner nächtlichen Thätigkeit, der Sonne und der natürlichen Wärme und Feuchtigkeit die Weiterentwickelung der Eier überlassend. Die frischen Eier — manches Tier bringt deren bis zu vierzehn Stück — sind zwar feucht aber prall und undurchsichtig, und der pergamentartige Überzug ist nicht wie bei den Schlangeneiern mit einem Klebstoffe überzogen. Sie weichen auch an Grösse und Form untereinander ab. Ganz gleich grosse Muttertiere bringen nicht immer gleich grosse Eier, vielmehr fallen dieselben um so kleiner aus, je zahlreicher sie gelegt wurden. Die grössten erreichen ziemlich die Grösse eines Sperlingseies, während die kleinsten sich etwa mit einer mässiggrossen Weinbeere vergleichen lassen. Die Form der Eier wird wahrscheinlich, ähnlich wie bei verschiedenen Vogelarten, durch das Geschlecht bedingt, sodass, wie bei diesen, die länglich-cylindrischen als männliche, die mehr kugeligen ungleichseitigen als weibliche zu betrachten sind.

Obgleich unsere Waldeidechse nicht zu den flinkesten ihres Geschlechtes zählt, ist es doch nicht sehr leicht, ihrer habhaft zu werden, denn sie weiss, wenn sie gejagt wird, mit geschickter Benutzung aller Deckungsmittel sehr gut zu entkommen. Um sie zu fangen, muss man eher List und Ausdauer als Schnelligkeit anwenden, zumal da die Örtlichkeit gewöhnlich so beschaffen ist, dass das verfolgte Tier sich leicht hinter einen Busch, Stein, Baum u. s. w. verbergen oder, gedeckt durch jene Gegenstände, entfliehen kann. Oft meldet sich unsere Echse durch ein kurzes Rascheln selbst an; sie flieht nämlich bei Annäherung einer Person eine ganz kurze Strecke bis zum nächstgelegenen Busche oder dergleichen und wartet hier ab, ob sie verfolgt wird, indem sie ihren vermutlichen Feind dreist ansieht. Bleibt man ruhig stehen, so wartet auch sie neugierig auf das was nun folgen soll. Inzwischen hat man seinen Begleiter durch Zurufen verständigt; er nähert sich von der entgegengesetzten Seite dem Orte und sucht unbemerkt und geräuschlos hinter den Busch, Baum u. s. w. zu kommen. Beim Klange der Stimme schreckt die Eidechse etwas zusammen, verlässt aber ihren Platz sehr selten und versucht sogar, vorausgesetzt, dass man alle hastigen Bewegungen dabei vermeidet, in ein vorgehaltenes Stöckchen zu beissen. Während das tapfere Tierchen nun alle Aufmerksamkeit auf die vor ihm stehende Person richtet, wird es auf einmal mit schnellem Griffe von der entgegengesetzten Seite erfasst. Entdeckt die Eidechse noch zeitig genug ihren zweiten Vorfolger, dann vergeht ihr die Neugier sehr schnell, und sie flüchtet sich, so rasch es geht, in ihr gewöhnlich in der Nähe befindliches Versteck. Geraten bleibt es unter den meisten Umständen, dass immer nur eine Person sich des Tieres zu bemächtigen sucht, während die andere dasselbe mit den Augen verfolgt, um im Falle eines Fehlgriffes die leichtfüssige Echse nicht ganz aus dem Gesichte zu verlieren.

In den jeseitigen Flutgraben eines wenig befahrenen direkt aus dem Walde kommenden Fahrweges hatten sich unsere Eidechsen in Masse angesiedelt, ohne dass meine Begleiter noch ich selbst ihrer habhaft werden konnten, weil ihnen zahlreiche Erdlöcher hinlänglichen Schutz boten. Im Vertrauen auf ihre unbezwingliche Neugier wandten wir ein anderes Mittel an. Wo irgend in einem Loche eine Eidechse verschwunden war, wurde ein Posten zurückgelassen, der sich dicht neben dem Schlupfwinkel niederliess, eine Hand oberhalb des Loches zum Zugreifen bereit haltend. Es dauerte gewöhnlich nur einige Minuten da lugte unser Tier vorsichtig heraus, machte auch Miene wieder zurückzufahren, liess sich aber durch die langsam hervorgebrachte und in möglichster Entfernung gehaltene andere Hand ködern; die bewegten Finger derselben erregten ihre Neugier dermaſsen, dass sie Schritt für Schritt hervorkam, bis die zum Zugreifen bereitgehaltene Hand plötzlich herabfuhr und ihr den Rückweg abschnitt. Auf diese Weise machten wir einen reichlichen Fang.

Die Waldeidechse liebt trockene lichte Wälder und Hecken und sucht sich hier irgend ein sonnenhelles Plätzchen auf, wo sie zugleich Schutz vor etwaiger Verfolgung findet. Am meisten trifft man sie auf den Rändern der die Fahrwege abgrenzenden Wassergräben, in der Nähe von Steinhaufen oder auch Grenzsteinen. In den Monaten Mai und Juni treten sie zahlreicher auf als im Hochsommer, was zu der Vermutung Anlass gegeben hat, dass sie während der heissen Jahreszeit eine Art Sommerschlaf hielten. Jedenfalls ist dieser Umstand auf die in genannten Monaten fallende Paarungszeit zurückzuführen, sowie andererseits darauf, dass auch sie vor allzugrosser Hitze Schutz suchen und sich deshalb während der heissen Monate weniger herumtummeln.

Während unsere Schlangen bei feuchtwarmem oder gewitterschwülem Wetter am ehesten zum Vorscheine kommen, lieben unsere Echsen, mit Ausnahme der Blindschleiche und der folgend beschriebenen Wieseneidechse, trockene Luft und Sonnenschein. Sie vermeiden aus diesem Grunde tau- oder regennassen Boden und ertragen die Sonnenhitze bis zu einem viel höheren Grade als die Schlangen.

Berg- oder Wieseneidechse (*Lacerta vivipara*).

Sie unterscheidet sich von der Waldeidechse auf den ersten Blick durch ihre schmächtige, zarte Gestalt. An den kleinen schmalen, nach vorn von den Augen aus sich schnell zuspitzenden Kopf setzt sich der Hals und Körper ohne merkliche Einschnürung an. An letzteren schliesst sich ebenfalls ohne Einschnürung der in seiner vorderen Hälfte gleich starke, nach hinten aber allmählich in eine dünne Spitze auslaufende Schwanz. Die schwachen Beine mit ihren nur mit ganz kleinen Krallen versehenen Zehen sind kurz, die vorderen reichen etwa bis zu den Augen, die hinteren noch nicht zur Bauchmitte. Schenkelporen sind neun bis zwölf vorhanden.

Die den Rücken und die Bauchseiten bedeckenden schwachgekielten Schuppen sind länglich und verkleinern sich auf dem Rücken in der Halsgegend und an den Seiten in der Nähe der Vorderbeine und erscheinen hier als kleine rundliche Körnchen. Noch kleiner sind die Schuppen der vier Beine, welche ohne Lupe kaum erkennbar sind. Die Bauchschilder ordnen sich in acht Längsreihen, deren zwei äusserste ebenso gut auch als Schuppen gelten könnten, da sie gleichsam den Übergang der Seitenschuppen zu den Bauchschildern vermitteln. Das Halsband ist stumpf gezähnelt und besteht gewöhnlich aus neun runden Schuppen.

Die Färbung und Zeichnung der Wieseneidechse ist weniger dem Wechsel unterworfen als bei der vorbeschriebenen Art. Die graubraune oder, vorzüglich bei jungen Tieren, schieferfarbene, nach der Häutung bronzeschillernde Grundfarbe erscheint auf der Rückenmitte am lichtesten und gleicht dadurch, dass diese Lichtung von dunkeleren Punktreihen oder Strichen eingefasst wird, einem hellen etwa 4 mm breiten Bande, in dessen Mitte sich nicht selten eine Reihe schwach hervortretender Augenflecke einschieben. Diese charakteristische Färbung erstreckt sich ohne Unterbrechung bis zur Schwanzhälfte; hier hört die dunkele Einfassung auf und die letzte Hälfte des Schwanzes zeigt sich oben und an den Seiten einfarbig. Nach dem Bauche zu treten ebenfalls einzelne Flecken oder Fleckenreihen hervor, die, mehr oder weniger ins Auge fallend, unregelmässige Gruppen bilden. Die Unterseite erscheint beim Männchen in der Paarungszeit ziemlich rot und hellt sich später zu dotter- oder safrangelb auf, wobei gleichzeitig zahlreiche schwärzliche Punkte zum Vorscheine kommen. Das Männchen zeigt sich im übrigen in lichteren Tönen und ist ausserdem durch zwei an der Schwanzwurzel liegende Anschwellungen erkenntlich. Die Unterseite des Weibchens ist ein schmutziges Weiss, neigt sich auch mitunter ins Gelbe.

Die Grösse des erwachsenen Tieres beträgt bis zu 15 cm, an den meisten Örtlichkeiten findet man es aber nicht über 10 bis 12 cm; wahrscheinlich hängt dies mit der Ernährungsweise und den sonstigen dem Tiere mehr oder weniger zusagenden Verhältnissen zusammen. Die Wieseneidechse erscheint übrigens ihres schmalen und zarten Körperbaues wegen kleiner als sie wirklich ist. Recht augenscheinlich wird dies, wenn man sie mit einer gleich grossen Waldeidechse vergleicht, welch letztere vermöge der gedrungenen, ich möchte sagen knochigen Gestalt, sie um ein reichliches Drittel an Körperschwere übertrifft.

Die Wiesen- oder Bergeidechse macht sich ihrer Umgebung kaum bemerklich. Ihr Aufenthalt auf moorigen feuchten Wiesen, an Abzugsgräben, im Gebirge, an Bachrändern oder Dämmen ist schon an sich nicht geeignet, die Aufmerksamkeit auf sie zu lenken. Das Tier hat aber auch sonst eine ruhigere, stillere Lebensweise, ist nichts weniger als rauflustig, neugierig oder mutig, wie sonst alle anderen ihres Geschlechtes. Bei Annäherung eines Menschen verkriecht sie sich schnell in ihren Schlupfwinkel und kommt nicht eher wieder zum Vorschein als bis sie sich sicher wähnt. Beim Fangen setzt sie sich nie zur Wehr, sondern schlägt nur heftig mit dem Schwanze um sich, der dadurch leicht abbricht, und sucht durch schnelle Körperwindungen zu entkommen. Ihr Laufen gleicht mehr einem Huschen von einem Grasbüschel zum anderen; nicht selten sucht sie auf sumpfigen Wiesen durch Schwimmen weiter zu kommen. Auf nicht hochbewachsenem Boden ist sie leicht zu erhaschen, desto schwieriger aber im hohen Grase oder lockerliegendem faulenden Laube. In den Abzugsgräben der Wiesen verschwindet sie unter Umständen im Wasser, schwimmt oder kriecht in demselben nach einem noch unter dem Wasserspiegel befindlichen ihr bekannten Loche und sucht durch dessen Höhlung wieder aufs Trockene zu kommen.

Ihrem Aufenthaltsorte entspricht ihre Nahrung, welche meistenteils aus Würmern und Insektenlarven, die sie sich gelegentlich sogar aus dem Wasser holt, besteht. Freilich frisst sie auch fliegende Insekten, wenn sie deren habhaft werden kann, aber ihre geringe Geschicklichkeit und Kletterkunst, oder überhaupt ihre mehr schleichenden Bewegungen lassen sie nicht so leicht zur Erbeutung derselben gelangen.

Die Wieseneidechse erscheint schon im zeitigen Frühjahre; sie ist jedenfalls die erste von allen deutschen Echsen, die die Wintererstarrung von sich schüttelt. Schon Ende April trifft man sie pärchenweise zusammen, wo sie im heiteren Liebesspiele sich leicht überrumpeln lassen. Den eigentlichen Begattungsakt selbst habe ich noch nicht zu beobachten Gelegenheit gehabt, doch ist anzunehmen, dass der Vorgang in derselben Weise stattfindet wie bei der Waldeidechse.

Das Weibchen wirft schon Mitte Juli drei bis neun lebendige Junge, welche in der Regel noch in eine Blase gehüllt zur Welt kommen. Haben sich die kleinen Tierchen aus der Blase herausgearbeitet, so verkriechen sie sich in der nächsten Ritze, unter einem Steine oder unter Laub und liegen hier mehrere Tage anscheinend leblos mit zusammengerolltem Schwanze. Die Tierchen sind mindestens dreimal kleiner als frisch aus dem Eie gekrochene Waldeidechsen, wachsen aber in circa acht Tagen bis zum Doppelten ihrer ursprünglichen Grösse. Die Geburt geschieht während des Nachts, wenigstens ist dies bei meinen Beobachtungen immer der Fall gewesen. Die Jungen sind dunkel, sogar schwärzlich mit helleren Pünktchen und schillern, gegen das Licht gehalten, bronzeartig.

In kleinen Terrarien halten sich unsere Wieseneidechsen nicht lange; es ist, als ob sie den Verlust der Freiheit nicht verschmerzen könnten, denn trotz allen möglichen Vorbedingungen eines naturgemäss hergestellten Aufenthaltsortes gehen sie doch bald zu Grunde. Sie gewähren auch ihres zurückgezogenen scheuen Wesens wegen in der Gefangenschaft wenig Vergnügen.

Smaragdeidechse *(Lacerta viridis)*.

Wenn auch die Smaragdeidechse in Deutschland an einzelnen Orten aufgefunden worden ist, so sind dies doch immerhin seltene Ausnahmen, sodass man diese Art nicht ohne weiteres der deutschen Fauna zuzählen kann. Der von Italien und Dalmatien aus betriebene Handel mit Reptilien und dergleichen gestattet auch die Vermutung, dass die aufgefundenen Exemplare, soweit sie sich nicht auf eine Verwechselung mit besonders grossen im Hochzeitskleide prangenden Männchen der Waldeidechse (*L. agilis*) zurückführen lassen, von importierten und später fortgelassenen Tieren, die unter günstigen Umständen Gelegenheit zur Überwinterung oder auch Fortpflanzung fanden, herstammen, wenigstens sprechen für diese Annahme die angegebenen weit auseinander liegenden Fundorte, z. B. Mark Brandenburg, Danzig, Insel Rügen u. s. w. Ihr Vorkommen in der Rheinpfalz sowie im Donauthale ist erklärlicher, indem sie dort als Ausläufer einerseits aus der Schweiz, andererseits aus Tirol stammend angesehen werden können. Sie bewohnt die nördlichen und östlichen Länder des Mittelmeeres, überschreitet aber nach Norden, wie schon angedeutet, die Donau nur vereinzelt.

Die Smaragdeidechse erreicht im südlichen Europa die bedeutende Grösse von über zwei Fuss, wovon zwei Drittel auf den Schwanz kommen. Dem Tiere sieht man seinen kräftigen knochigen Körperbau erst bei näherer Besichtigung an, es erscheint im Verhältnis zu seiner Länge eher schmächtig gebaut; die Täuschung wird durch den sehr langen Schwanz noch vergrössert. Der vom Halse nicht abgesetzte ziemlich dreieckige Kopf fällt von der Augengegend nach vorn an den Seiten senkrecht ab, nach hinten zu macht sich zwischen dem ersteren und der Ohröffnung ein kleiner Vorsprung geltend, der im Verein mit den hinten stark vortretenden Unterkieferknochen den Kopf in seinem hinteren Teile abrundet. Der Leib ist walzig, in seiner Mitte etwas umfangreich. Die Beine sind kräftig, die hinteren, vorzüglich beim Männchen, sogar ausserordentlich stark entwickelt; die scharfen Krallen der Zehen sind an den Vorderbeinen etwas länger als an den Hinterbeinen. Der Schwanz nimmt nach hinten gleichmässig ab und endet in dünner Spitze.

Die ausserordentlich kleinen Schuppen des Körpers treten in der Nackengegend als rundliche Körnchen auf, werden nach hinten zu länglich und liegen an den Seiten ziemlich flach auf. Die in acht Längsreihen geordneten Bauchschilder sind in den mittelsten und vorletzten Reihen quadratisch; die zwischen diesen beiden Schildreihen liegenden Schilder sind etwa noch einmal so breit als lang. Die beiden letzten an die Bauchschuppen grenzenden Schilder unterscheiden sich nur wenig von diesen. Die Schuppen des geschindelten Halsbandes sind in ihrem freistehenden Teile spitzwinkelig und lassen das Halsband dadurch gezähnelt erscheinen. Die Schwanzschuppen, länglich gekielt, enden in einer überstehenden Spitze und erscheinen dadurch fünfeckig.

Der Farbe nach existieren verschiedene Varietäten; die mir vorgelegenen Exemplare, teils aus Dalmatien, teils aus der Wiener Gegend stammend, waren in Zeichnung und Farbe übereinstimmend. Die Oberseite des Tieres zeichnet sich durch ein prachtvolles Smaragdgrün aus, welchem das Tier seinen Namen verdankt. Unzählige schwarze und weisse Pünktchen übersäen die Grundfarbe, ohne das Grün zurückzudrängen oder zu beeinträchtigen. Der Rücken erscheint etwas dunkeler als die Seiten und zwar bei dem Weibchen mehr als beim Männchen, überhaupt bleibt ersteres an Intensität der Farben hinter dem letzteren zurück, zumal während der Begattungszeit, wo das Männchen eine geradezu strahlende Farbenpracht entwickelt. Die untere Seite des Kopfes ist blau, beim Weibchen etwas verblasst, die des Bauches beim Männchen gleichmässig gelbgrünlich, beim Weibchen bläulichweiss. Jedenfalls variieren die hier beschriebenen Farbentöne, wie bei den übrigen Arten, nach Standort und Alter.

Über den Fang der mir von einem Freunde in Wien zugegangenen Tiere schrieb mir derselbe folgenden interessanten Bericht:

„. . Es war am ersten Pfingstfeiertage, wo wir, eine Gesellschaft von sechs Personen, eine Landpartie über Baden (10 Stunden von Wien) und den Hohen Lindkegel nach dem Triestingthale unternahmen. Wie gewöhnlich bei einer Landpartie hatte ich auch hier mich mit einigen Leinwandsäckchen versehen, um mir in den Weg kommende Reptilien mitnehmen zu können. Dicht bei Baden, beim Abstiege von der Ruine Rauheneck, rief mich plötzlich der Ruf: „Eine Schlange!“ an die Tête. Wir suchten jedoch alle eine Weile vergeblich, bis es wieder ertönte: „Hier war sie!“; wir umstellten jetzt den kaum einen Meter im Umfange habenden Birkenbusch und suchten in den Wurzeln herum, aber vergeblich. Da sehe ich mir den Busch auch oben an und erblicke, auf einen Ast geduckt unter Blättern versteckt, eine schöne grüne Eidechse, die ich mit einem glücklichen Griffe erhaschte. Die zweite und dritte fing ich einige Stunden später und zwar im Buchenhochwalde mit etwas Unterholz gemischt. Hier hörte ich eine im hochliegenden dürren Laube rascheln, sprang der Richtung nach in den Wald und plötzlich raschelte es von allen Seiten; ich sah vier Stück der grössten nach allen Richtungen davon eilen. Das war „a Hetz“. Ich konnte natürlich nur eine verfolgen und wäre sie nicht eher matt geworden wie ich, so hätte ich sie doch nicht bekommen; dieselbe hatte manchmal einen Vorsprung von 10—15 Schritten. Als das Tier jedoch matt war, verschwand es hinter einem Buchenstamme und wie ich mich vorsichtig genähert hatte und um den Stamm herumlugte, sah ich es in der Höhe von etwa drei Ellen auf der entgegengesetzten Seite sitzen. Nachdem ich die Echse so „gestellt“ hatte, war sie natürlich auch bald in meiner Hand. Einer meiner Freunde hatte eine andere in gleicher Weise „gestellt“, wagte sich aber aus Furcht vor den manchmal etwas schmerzhaftem Bisse nicht zuzugreifen. Ich eilte hin, ein rascher Griff um den Stamm und ich hatte in jeder Hand eine. Da ich jetzt nicht mehr zugreifen konnte, so waren die beiden anderen bis dahin, wo ich meinen Fang im Sacke untergebracht, glücklich entkommen. — Noch mehrmals an diesem schwülen Tage trafen wir diese Echsenart paarweise an, ein Zeichen, dass ihre Paarungszeit in den Anfang Juni fällt. Die Smaragdeidechsen wissen übrigens sehr gut das Terrain zu benutzen. Hatten wir eine in einen grossen unzugänglichen Busch gejagt, so war sie kaum wieder herauszubringen; sie sass im Mittelpunkte des Busches ruhig auf dem Boden und schaute uns an, als wenn sie genau wüsste, dass wir sie nicht erreichen konnten. Und hatten wir sie endlich alle sechs, indem wir von drei Seiten mit Stöcken hineinfuhren und nur eine Seite frei liessen, zum Verlassen ihrer Zuflucht gebracht, so suchte sie dieselbe doch immer wieder zu gewinnen, was wir jedoch, da wir dies Bestreben sogleich merkten, tunlichst vereitelten. Später im Sommer (August), als ich mit P. allein eine Partie in die Vöslauer Gegend machte, musste dieser zweimal bis in die Kronen einer Kiefer steigen, um eine dieser Echsen herabzujagen. — Im allgemeinen habe ich über die Lebensweise dieser Echsen noch folgendes zu bemerken. Sie leben zumeist auf dem Boden und klettern nur dann in die Höhe, wenn sie verfolgt werden. Bei der zweiten Partie jedoch traf ich auch eine an, die sich etwa in Manneshöhe in einem Busche sonnte. Sie lieben, wie alle Echsen sonnige Lagen, doch muss das Terrain uneben (bergig) sein. Im ebenen Lande dürfte sie wahrscheinlich nicht vorkommen. Ich vermute, dass sie sporadisch in ganz Niederösterreich und Steiermark vorkommt, in grösserer Menge jedoch nur in der Badener Gegend. — Auf eines muss ich noch aufmerksam machen, was mir ganz besonders aufgefallen ist: es ist der Farbenwechsel; die Smaragdeidechsen glänzen in der Paarungszeit in viel schöneren Farben, als im späteren Jahre, was nicht blos auf die

Häutung zurückzuführen ist, denn ich habe im August noch eine gefangen, die eben in der Häutung begriffen war, aber die Farben waren mehr verblasst, ins Orange übergehend.“

Im Terrarium haben mir die flinken Tiere ausserordentliches Vergnügen gemacht. Ihre pfeilschnellen Bewegungen, ihre schnell erworbene Zuneigung, der Mut oder besser Übermut und die Behändigkeit ihrer Bewegungen bei ihren neckischen Spielereien, das alles musste ihnen Freunde erwerben. Bald aber stellte sich eine Untugend heraus. Einzelne Smaragdeidechsen fielen hier und da über ihre kleineren deutschen Verwandten her, und bissen sie entweder tot oder schüttelten sie in der Weise am Schwanze, dass dieser abbrach und dann von ihnen gefressen wurde. Es bedurfte vieler Mühe, die in dieser Weise gravierten Tiere — es thaten dies nur einige — zum Zwecke der Separierung in dem Terrarium einzufangen. Gejagt liefen sie so flink, dass ihre Gestalt nicht zu unterscheiden war; auch wussten sie die Terrainverhältnisse gut auszubeuten.

Einige Überwinterungsversuche sind mir bis jetzt fehlgeschlagen. Das Resultat dieses Jahres, wo ich sechs Smaragdeidechsen den Winter über im Terrarium belassen habe steht noch aus, doch habe ich wenig Hoffnung, die Tiere, zum Frühjahre vorkommen zu sehen — die Temperatur sank im Januar bis 25 ° R. unter Null.

Über die Art der Fortpflanzung kann ich nicht aus eigener Erfahrung berichten. Die hierüber bekannten Daten stimmen darin überein, dass sie, wie bei der Waldeidechse, durch Eier, die, nachdem sie gelegt sind, noch einer geraumen Zeit der Nachreife bedürfen, geschieht. Die Zahl der gelegten Eier wird von 6 bis 8 Stück angegeben, was gegenüber unserer viel kleineren Waldeidechse, die es bis zu 14 Stück bringt, etwas niedrig erscheint.

In der Nahrung sind diese Tiere nicht sehr wählerisch. Sie fressen eigentlich alles was sie bewältigen können. Hartschalige Käfer werden im Maule so lange hin und hergewendet, bis sie gehörig feucht und zum Verschlingen vorbereitet sind. Regenwürmer von der grössten Sorte machen ihnen keine Bedenken, sie werden ganz verschluckt, wenn nicht ein futterneidischer Kamerad eine Teilung durch Zerreissen des Wurmes erzwingt. Unsere sogenannten Grasepferde (Grillen) verschwinden ohne weiteres in dem Magen der Echse. Selbst den kleineren Nestvögeln kann sie als geübte Kletterin gefährlich werden, da die Alten ihr gegenüber durchaus machtlos sind.

Mauereidechse (*Lacerta muralis*).

Diese zierlichste und beweglichste aller europäischen Eidechsen bewohnt eigentlich nur den Süden Europas, wo sie besonders in den Ländern des Mittelmeeres in fast unvergleichlichen Mengen auftritt, ist aber von hier aus über Frankreich und die Schweiz nach den deutschen Grenzländern übergetreten. Vorzüglich oder vielleicht ausschliesslich in Deutschland trifft man sie im Rheingebiete, namentlich in Würtemberg, Baden, Hessen, sowie im Nassauischen und der bayrischen Pfalz. Auch in Niederösterreich ist sie nicht gerade selten und kommt noch, wenn auch sehr vereinzelt, bei Wien vor.

Die äussere Erscheinung der Mauereidechse erinnert an unsere deutsche Wiesen- oder Bergeidechse. Bei genauerer Untersuchung findet man sie noch schmächtiger, mit spitzer zulaufendem Kopfe, gleichmässig abnehmendem, in sehr dünner Spitze endendem Schwanze, welcher ziemlich die Hälfte der Gesamtlänge beträgt. Sie ist ausserdem hochbeiniger und mit langen, dünnen Zehen und ebensolchen scharfen Krallen versehen. An Grösse bleibt sie in Deutschland etwas hinter der Wieseneidechse zurück, in ihrer eigentlichen Heimat übertrifft sie dieselbe.

Die kleinen Rückenschuppen sind annähernd rund, schwach gekielt und erscheinen körnerartig. Die mehr breiten als langen Bauchschilder stehen in acht Reihen.

Das Halsband, aus 9 bis 11 Schuppen bestehend, von denen die mittelste am grössten, ist ganzrandig und umschliesst den Hals in etwas schiefer Richtung. Die gekielten länglichen Schwanzschuppen sind unterseits schärfer zugespitzt als auf der oberen Seite.

Färbung und Zeichnung dieser Eidechse wechseln so mannigfach, dass man sie bereits in ein Dutzend Species, die wieder in sich mancherlei Verschiedenheiten zeigen, eingeteilt hat. Die mir aus dem Würtembergischen und der Wiener Gegend zugegangenen Exemplare hatten auch in dieser Beziehung viel Ähnlichkeit mit der Wieseneidechse. Die graubräunliche Grundfarbe, vermischt mit zarten maschenartigen Konturen, zieht als lichtes Band vom Hinterkopfe bis zur Schwanzspitze; an dieses reihen sich sehr regelmässig gestellte und geformte quadratische Flecke, welche bis zur Schwanzspitze deutlich zu verfolgen sind. Die Bauchseiten haben mitunter ins Bläuliche schimmernde Flecke. Die Unterseite ist gelblich- oder bläulichweiss.

Die Mauereidechse ist ein trautes, wenig scheues Tierchen; sie lebt in ihrer Heimat in der unmittelbarsten Nähe von Gehöften oder in diesen selbst. Durch ihre Häufigkeit und Zutraulichkeit hat man sich so an sie gewöhnt, dass sie nur selten verfolgt wird. Je öfter sie mit Menschen, die sie unbehelligt lassen, zusammentrifft, desto dreister wird sie. Dieses Betragen ändert sich aber sofort, wenn man ihr nachstellt, oder wenn das Tier aus der Gefangenschaft entkommen ist. Ich hatte mehrere Mauereidechsen in einem kleineren Behälter; dieselben wurden bald so zahm, dass sie mir das Futter aus der Hand nahmen. Nachdem ich sie dem grösseren Terrarium einverleibt hatte und sie sich in der Freiheit wähnten, waren sie auf lange Zeit die scheuesten Tiere; der Anblick eines Menschen machte sie augenscheinlich erschrecken, sie flohen hastig und blieben lieber stundenlang verborgen. Diese Scheu verlor sich auch nicht ganz, trotz des guten Beispieles, mit denen ihnen ihre Gattungssverwandten vorangingen.

In der Geschicklichkeit im Klettern und in ihren

schnellen Bewegungen ist sie der Smaragdeidechse noch überlegen. Senkrechte Mauern oder Bretterwände bieten ihr unter Umständen keine Schwierigkeit. Erschreckt verlässt sie den Platz, wo sie gesessen, so schnell und schattenartig, dass man nicht einmal mit Sicherheit die Richtung, nach welcher sie sich gewandt, bestimmen kann. Jedenfalls ist sie die flinkeste und beweglichste der hier angeführten Eidechsenarten.

In den meisten herpetologischen Werken fehlt die Angabe über die Art der Fortpflanzung entweder ganz oder wird als eine offene Frage behandelt. Aus eigener Anschauung weiss ich, dass das Weibchen schon im Juli 5 bis 8 bläulichweisse Eier legt, die etwa ein Dritteil kleiner wie die Waldeidechseneier sind und wie diese der Nachreife bedürfen. Auch scheint es, als ob die Mauereidechsen immer noch längere Zeit nach dem Legen für ihre Eier besorgt sind. In einem kleinen Terrarium hatten z. B. mehrere Weibchen ihre Eier unter Moos versteckt. Als später eine mexikanische Krötenechse (*Phrynosoma orbiculare*) hinzugesetzt wurde, holten die Mauereidechsen ihre Eier aus dem bisherigen Verstecke und trugen sie im Maule in eine durch den etwas erhöhten Wassernapf entstandene Höhlung, die für die Kröteneidechse unzugänglich war. Jedenfalls zeigt dieser Vorfall nicht nur eine gewisse elterliche Fürsorge, sondern verrät auch einen für ein Kriechtier hoch anzuschlagenden Scharfsinn.

Gemäss ihren wärmeren Heimatländern, wo die Mauereidechse eventuell gar keine Wintererstarrung durchmacht, ist sie bei uns schwer einzubürgern oder auch in Terrarien längere Zeit gesund zu erhalten. Die Überwinterung im Zimmer gelingt selten, auch wenn für möglichst gleichmässige Temperatur gesorgt worden ist; es scheint als ob die Mauereidechse von der Natur nicht so veranlagt ist, als unsere deutschen Echsenarten, welche ziemlich sechs Monate — von Ende September bis Ende März — ohne Nahrung auszuhalten vermögen. — Sie nährt sich wie ihre Verwandten von Insekten und Würmern.

Dritte Ordnung.

Schildkröten (Chelonia).

Wenn auch die verschiedenen Arten dieser Ordnung unter sich die mannigfachsten Verschiedenheiten zeigen, so sticht dieselbe doch von den vorbeschriebenen Ordnungen durch ihre äussere Erscheinung ganz ausserordentlich ab. Unter den etwa 200 bis jetzt festgestellten Arten findet sich keine einzige, welche nur einigermafsen als Übergangsform zu einer ihrer Ordnungsverwandten gelten könnte.

Der durch eine mehr oder weniger festwerdende Knorpelmasse verbundene aus zwei Teilen bestehende Panzer bedeckt mindestens den Rumpf und einen Teil des Halses, in den meisten Fällen aber ist das Tier imstande durch Zurückziehen des Kopfes und seitliches Einklemmen des Schwanzes sich ganz unter denselben zu verbergen. Die obere Schale dieses Panzers heisst Ober- oder Rücken-, die untere Unter- oder Brustpanzer. Ersterer übertrifft in allen Fällen den unteren an Grösse und weicht von diesem auch seiner äusseren Form nach nicht unwesentlich ab; er ist stets gewölbt, in einigen Fällen sogar hoch aufgebaut, an den Seiten ohne Einbuchtung. Die Bedeckung des Rückenpanzers besteht bis auf wenig Ausnahmefälle aus vielen kleinen Schildern, die in Bezug auf Zahl, Form und Anordnung bei den einzelnen Arten wesentlichen Verschiedenheiten unterliegen und als vorzügliche Unterscheidungsmerkmale gelten. Man bezeichnet sie ihrer Lage entsprechend als Rand-, Seiten- und Wirbelschilder und unterscheidet von diesen wieder das Nacken-, die beiden Schwanzschilder u. s. w. Diese Schilder oder Platten sind leicht ablösbar und bilden das bekannte Schildkrot oder Schildpat. Der Brustpanzer ist stets flach, beim männlichen Geschlechte sogar in der Mitte noch etwas nach innen eingedrückt, von eirunder Form, mitunter an der Verbindungsstelle mit dem Rückenpanzer etwas verschmälert. Er setzt sich aus grossen durch Knochennähte verbundenen meist paarigen Platten zusammen, die von der Mitte aus nach vorn und hinten an Grösse abnehmen und ebenfalls für die Systematik wichtige Anhaltepunkte bieten. Ihre Benennungen sind ebenso wie beim Rückenschilde möglichst der örtlichen Lage angepasst und in Kehl-, Arm-, Brust-, Bauch-, After- u. s. w. Platten eingeteilt.

Der Kopf ist meistens plump und kurz und gewinnt durch seine mehr oder weniger abfallenden Seitenteile ein mitunter eckiges Ansehen. Die Augen werden durch quer- oder längsgespaltene Augenlider bekleidet; das Ohr ist teils sichtbar, teils von der Körperhaut überzogen; die Nasenlöcher stehen an der Schnauzenspitze dicht zusammen. Die schneidigen Kiefern, mit einem hornigen Überzuge bedeckt, welcher entweder ganzrandig, gesägt, oder gekerbt ist, oder auch, vorzüglich am Oberkiefer, von schnabelartigen Vorsprüngen gebildet sein kann, ersetzen die fehlenden Zähne. Die dicke, fleischige Zunge ist nicht vorstreckbar. Der mitunter lange Hals wird von einer schlaffen Haut bedeckt, dessen Falten beim Zurückziehen des Kopfes nicht selten sich kapuzenartig über denselben hinwegziehen. Die vier Gliedmaſsen sind mit verschiedenartig geformten Füssen und Zehen versehen. Man unterscheidet Klump-, Ruder-, Flossen- und Schwimmfüsse. An den Klumpfüssen lassen sich zwar nicht, wie an den Schwimmfüssen, die einzelnen Zehen unterscheiden, sie sind aber wie diese mit Krallen bewaffnet. Ruderfüsse (plattgedrückt und bedeutend verlängert) kommen nur an den vorderen, Flossenfüsse (flach, kurz und sehr verbreitert) nur an den hinteren

Gliedmafsen vor. Der sehr verschieden lange Schwanz ist an seiner Spitze nicht selten mit einem hornigen Stachel versehen.

Die Schildkröten sind im allgemeinen genommen die langsamsten und unbeholfensten Geschöpfe innerhalb ihrer Klasse. Sie zeichnen sich allerdings durch erstaunliche Muskelkraft und Ausdauer aus; einzelne Arten sind beispielsweise trotz ihres oft mehrere Centner schweren Gewichtes imstande ganz bedeutende Strecken ohne auszuruhen zurückzulegen, aber ihre Bewegungen erscheinen selbst bei den gewandteren Arten immer etwas linkisch und täppisch.

Die Nahrung besteht bei den auf dem Lande lebenden Tieren vorzugsweise in vegetabilischen, bei den ausschliesslich oder wenigstens grossenteils im Wasser lebenden in animalischen Stoffen. Letztere Art ist deshalb der Fischzucht gefährlich und richtet auch thatsächlich unter gegebenen Verhältnissen bedeutenden Schaden an.

Die Fortpflanzung geschieht durch Eier. Letztere werden massenhaft in selbstgegrabene Löcher im Sande oder in die Erde schichtweise abgelegt und verscharrt oder auch bei felsigem Grunde in Ritzen oder schon vorhandene Löcher fallen gelassen. Die pergamentartigen Eier sind ziemlich kugelrund, doch ist man über die Dauer ihrer durch die natürliche Wärme bewirkten Nachreife noch keineswegs bei allen Arten ins klare; jedenfalls ist sie von längerer Dauer als bei den Schlangen- und Eidechseneiern.

Charakteristisch ist die nur den Schildkröten eigentümliche, wahrhaft erstaunliche Lebenszähigkeit; sie ertragen die stärksten Verstümmelungen anscheinend gleichmütig und sind deshalb oft als Objekte wissenschaftlicher Untersuchungen benutzt worden. Von allen hierauf abzielenden Versuchen sei beispielsweise nur erwähnt, dass enthirnte, enthauptete, oder auch durch eine mittels einer um den Hals gelegten festzugezogenen Schlinge der Luft beraubten Tiere noch wochenlang umherkriechen, ja bei Berührung sogar sich in ihren Panzer zurückziehen. Gegen eingeflösste scharfe Gifte sind sie ebenfalls unempfänglich. Es giebt eigentlich nur ein Mittel ihren schnellen Tod herbeizuführen; es besteht darin, dass man die Tiere einigen Graden Kälte aussetzt. Sie können ein paar Jahre ohne Nahrung leben, widerstehen der grössten Wärme und Dürre, ertragen teilweise auch den Wassermangel nur sind sie ungemein empfindlich gegen niedere Temperaturgrade, insbesondere verträgt keine einzige Art eine Temperatur bis zum Gefrierpunkte.

Man teilt die Schildkröten ihrem Aufenthalte nach in drei Hauptgruppen: 1) Landschildkröten, 2) Sumpf- oder Flussschildkröten, 3) Meerschildkröten. Es liegt nicht in dem Rahmen dieses Büchelchens auf die einzelnen Unterscheidungen dieser Gruppen und ihrer Unterabteilungen einzugehen. Ich beschränke mich daher im nachstehenden nur auf die einzige in Deutschland vorkommende Art.

Europäische Sumpfschildkröte (*Cystudo lutaria*).

Diese einzige, wenn auch nur vereinzelt in Deutschland vorkommende Schildkröte ist in allen öffentlichen Tiergärten und Aquarien vertreten und wird hier mit verschiedenen Namen aufgeführt. Man versteht unter Pfuhl-, Teich- und Flussschildkröte dasselbe Tier. Die Sumpfschildkröte, welchen Namen ich beibehalten will, ist nach meiner Meinung in Deutschland durchaus nicht in Abnahme begriffen, sondern sieht einer stetigen Zunahme entgegen, was durch die massenhafte Importierung durch italienische Händler und bei der Zählebigkeit der Schildkröten überhaupt leicht begreiflich ist. Sie wird vielfach in Gärten gehalten und entkommt durch ihr Geschick im Klettern und ihre Ausdauer im Laufen leicht der Gefangenschaft und gelangt, dem ersten besten Abzugsgraben folgend, in unsere Flüsse, oder wird von dem Eigentümer direkt dorthin in Freiheit gesetzt, wo sie sich unter günstigen Umständen ansiedelt und fortpflanzt. Vielleicht ist es allein diesem Umstande zu verdanken, dass wir uns einer einheimischen Schildkröte rühmen können. Ihre eigentliche Heimat ist das südliche Europa.

Der obere Teil des Panzers besteht inklusive des kleinen Nackenschildes aus 25 Randplatten an welche sich an den Seiten die vier paarigen Rippenschilder und oben und unten die auf der Mitte befindlichen fünf unpaarigen Wirbelschilder anschliessen. Sie sind auf grünschwarzem Grunde durch strahlige gelbe Punkte oder Striche ausgezeichnet. Die untere Seite des Panzers umfasst 12 Platten und ist im hinteren Teile gegen die obere Schale etwas verkürzt. Seine kleinere vordere Hälfte, nur durch eine querliegende Knochennaht mit der hinteren verbunden, ist einer, wenn auch nur geringen Bewegung fähig. Ebenso ist der Rückenpanzer durch eine Knorpelmasse mit dem Brustpanzer beweglich verbunden. Die Form des letzteren ist länglichrund, bei älteren Exemplaren nach hinten etwas breiter, vorn wenig nach dem Kopfe zu aufgebogen, im ganzen flach und nur beim Männchen in der Mitte eingedrückt, bei beiden Geschlechtern von gelblicher Färbung mit spärlichen dunkeleren Punkten.

Die Schwimmfüsse sind vorn mit fünf, hinten mit vier Krallen besetzt, der Schwanz ein Viertel so lang als das Rückenschild, der Kopf in die Haut des Halses, welch letzterer ziemlich lang ist, zurückziehbar. Das Tier kann sich vollständig in seinem Panzer verbergen.

In Deutschland bewohnt die Sumpfschildkröte vorzüglich ruhig fliessende Gewässer oder grössere Teiche. Man hat sie in Mecklenburg, West- und Ostpreussen, Sachsen, Bayern u. s. w. aufgefunden. Sie frisst Würmer, Amphibien und deren Larven; ihre Hauptnahrung aber besteht in Fischen, die das sonst ungeschickte Tier verhältnismässig leicht erhascht, indem es sich unter Wasser ruhig verhält und die herbeigekommene Beute plötzlich erfasst und festhält oder grösseren Fischen Bisse beibringt an denen dieselben zu Grunde gehen. Die Schildkröten ziehen später die toten oder halbtoten Fische auf den Grund des Wassers und verzehren sie bis auf die Gräten. An den oben schwimmenden Überresten, vorzüglich aber an den bei dieser Gelegenheit nicht selten losgetrennten und in die Höhe gestiegenen Schwimmblasen ist mit Sicherheit auf das Vorhandensein der Sumpfschildkröten zu schliessen.

Am Tage bleiben unsere Tiere im Wasser oder in unmittelbarster Nähe desselben. Bei Annäherung eines Menschen lassen sie sich ins Wasser fallen, schwimmen ein

Stück auf dem Grunde desselben fort und verbergen sich dann im Schlamme oder zwischen Wasserpflanzen. Gegen Abend und in der Nacht wagen sie sich weiter fort, kehren aber beim geringsten verdächtigen Geräusche mit hastigen Schritten in ihr Element zurück. In ihrem eigentlichen Vaterlande treten sie so massenhaft auf, dass sie zu Hunderten am seichten Meeresgestade nach eingetretener Ebbe aufgelesen werden können; in Deutschland hingegen ist dem Tiere schwer beizukommen, selbst wenn man von dessen Anwesenheit überzeugt ist. Man fängt es gewöhnlich nur gelegentlich beim Fischen oder indem man gegen Abend mit einer Laterne die Teichränder absucht.

Das Tier erreicht im südlichen Europa eine Gesamtlänge von etwa 34 cm; in Deutschland aufgefundene Exemplare sind selten über 20 cm lang. Die meisten der in Handel gebrachten Tiere sind noch sehr klein (von der Grösse eines Markstückes an), weil ihr Absatz vorzüglich für Aquarien berechnet ist. Bei Ankauf von Sumpfschildkröten, denn auf andere Weise dürften wir nur ganz zufällig in Besitz solcher gelangen, wähle man für das Aquarium, in welchem man zugleich andere Tiere hegt, die kleinsten Stücke. Für das Terrarium hingegen nimmt man grössere Exemplare, da sie dort weniger Schaden verursachen können. In jedem Falle aber muss man gesunde Tiere heraussuchen, die sich an lebhafteren Bewegungen, vorzüglich wenn man sie auf den Rücken legt, und an stetem Offenhalten beider Augen leicht erkennen lassen.

Im Aquarium suchen sich die kleinen Schildkröten auf einem über die Wasserfläche reichenden Steine oder auf einen Pflanze ein Ruheplätzchen, und hier macht man, wenn sie sich bereits einige Tage eingewöhnt haben, die ersten Fütterungsversuche, indem man ihnen einen ganz kleinen Regenwurm oder ein Stückchen Fleischfaser, welches zur Täuschung mit den Fingern bewegt wird, vorhält. Gelingt der erste Versuch nicht, so gelingt der zweite oder dritte. Haben die Tiere aber einmal zugegriffen, so betteln sie in Zukunft förmlich, sobald man sich ihnen zeigt.

Beachtenswert ist, dass unsere Sumpfschildkröte nur unter Wasser schlingen kann, weshalb sie auch mit jeder auf dem Lande gemachten Beute ins Wasser zurückkehrt. Sie vergreifen sich auf dem Lande sehr selten an Wirbeltieren, und begnügen sich mit Nacktschnecken und Würmern. Aus diesem Grunde kann man im Terrarium unbedenklich grössere Exemplare halten, ohne die übrigen Tiere in Gefahr zu bringen, man stelle nur einen der Grösse der Schildkröte entsprechenden halb mit Wasser gefüllten Badenapf hinein, in welchen man von Zeit zu Zeit Regenwürmer wirft und dann die Schildkröte hineinhebt. Ein gleiches Verfahren ist bei den frei im Garten oder Zimmer gehaltenen Tieren zu beobachten.

Ich halte bereits seit fünf Jahren ein Paar grössere Sumpfschildkröten im Terrarium, ohne ihnen irgend welchen Zwang in Bezug aufs Futter anzuthun. Sie sind innerhalb der Umzäunung ebenso frei wie die übrigen Bewohner und benutzen diese Freiheit sowol zur Besteigung des ziemlich steilen Felsens wie auch zum tagelangen Umhertummeln auf dem Lande und im Wasserbassin. So mancher Fisch und Frosch ist in dieser Zeit von ihnen zerrissen und verschlungen worden. Im Wasser sind sie selbst dem grössten Frosche gefährlich; während er selbst auf Beute spannend auf der Wasseroberfläche liegt, wird der nichts Ahnende auf eimal an einem der Hinterbeine gepackt und von der Schildkröte in die Tiefe gezogen. Vergebens sucht er sich zu befreien; seine Peinigerin verschlingt ruckweise einen immer grösseren Teil des gepackten Beines und löst dieses endlich durch Kratzen mit den Vorderbeinen von dem Körper ab. Dem übrig gebliebenen Kadaver werden auf gleiche Weise einzelne Fleischstücke entrissen bis nichts als das Gerippe übrig bleibt.

Wenn sie in der Freiheit am Tage das Wasser selten verlassen, so mag dies seinen Grund in der Sicherheit haben, die ihnen das Wasser bietet. In meinem Terrarium betragen sich die Sumpfschildkröten fast entgegengesetzt. Sie verbergen sich bei kühlen Nächten im Wasser und laufen den Tag über in allen Winkeln und Ecken umher, besteigen auch oft den Felsen, von dem sie nicht selten — mitunter sogar freiwillig — herabfallen, wobei sie sich in ihren Panzer zurückziehen. Auf den Ruf „Hans" kommen sie in die Nähe der Einfriedigung oder steigen, wenn sie am Grunde des Bassins waren, in die Höhe und verlassen dasselbe um näher zu kommen. Werfe ich ihnen jetzt Regenwürmer vor, so tragen sie jedes einzelne Stück ins Wasser, verschlingen es und erscheinen bald wieder ungerufen auf dem Fütterungsplatze, wohlwissend, dass dort noch mehr Würmer vorhanden sind.

Ich überwinterte bis jetzt meine Schildkröten in der Wohnstube in einem mit Drahtgitter versehenen Holzkasten, der ihnen freie Bewegung gestattet und in dem sich ausser feuchtem Moose ein geräumiger Badenapf befindet, dessen Wasser von Zeit zu Zeit erneuet wird. Der Behälter steht am Fussboden und ist unter ein Möbel geschoben, sodass er nicht zu warm oder zu hell steht.. Sie sind vom Oktober bis Ende März eingeschlossen ohne nahrungsbedürftig zu sein. Im April fange ich an mit Regenwürmern zu füttern, die sie nur in geringer Zahl annehmen. Das kleine Gefängnis wird bei warmem Wetter in die freie Luft gesetzt und erst, wenn kein Nachtfrost mehr zu erwarten ist, werden sie dem Terrarium wieder einverleibt. Sie verraten dabei durch ihr Betragen, dass sie mit der Örtlichkeit noch gut vertraut sind — ihr erster Weg ist nach dem Bassin, auch wenn man sie in verkehrter Richtung von demselben niedergesetzt hat.

Über die Fortpflanzung der Sumpfschildkröte und die dabei statthabenden einzelnen Vorgänge ist noch manches unaufgeklärt. Mir ist es bis jetzt noch nicht gelungen, meine Schildkröten bei der Begattung zu überraschen; ebensowenig habe ich junge Schildkröten aufgefunden. Der Begattungsakt soll nachts im Wasser ausgeführt werden. Das Weibchen gräbt später in unmittelbarer Nähe des Wassers mit den Hinterbeinen und mit Zuhülfenahme des Schwanzes eine etwa 5 cm breite Grube und schichtet die Eier mit dem Hinterfusse, welcher dicht unter die Kloake gehalten wird und die Eier auffängt, übereinander. Hierauf wird die Höhlung mit der ausgegrabenen Erde zugescharrt und letztere durch Anpressen des Brustpanzers festgedrückt. Nach einzelnen Berichterstattern kriechen die im Mai gelegten Eier schon im Juni, nach anderen erst im nächsten Frühjahre aus.

In der Freiheit vergräbt sich die Sumpfschildkröte mit Eintritt der kälteren Jahreszeit in den Schlamm. In der Gefangenschaft ist es aber rätlich, wenigstens in Deutschland, die Tiere wie oben erwähnt unterzubringen.

AMPHIBIEN.

Lurche (Amphibia).

Die Lurche sind kaltblütige Wirbeltiere, die sich von der vorbeschriebenen Klasse der Reptilien, mit welcher sie irrtümlich mitunter noch immer zusammengefasst werden, in scharfer Weise abgrenzen und viel eher mit der letzten Klasse der Wirbeltiere, den Fischen, verglichen werden können. Besonders ist es die Art der Fortpflanzung durch gallertartig eingehüllte, amnionlose Eier (sog. Laich), sowie das Atmen im Jugendzustande durch Kiemen, was die Lurche den Fischen näher bringt als den Reptilien. In den Tropenländern sind die Übergänge von den Fischen zu den Lurchen durch die Lurchfische, welche mit diesen wie mit jenen fast gleiche Verwandtschaftsgrade zeigen, vertreten. Die in Deutschland vorhandenen zwei Ordnungen unterscheiden sich durch die äusseren Körperformen so sehr, dass an eine Verwechselung beider, den Larvenzustand ausgenommen, nicht zu denken ist. Die erste Ordnung, Froschlurche (*Anura*), ist stets schwanzlos mit gut ausgebildeten, hinten stärker entwickelten Beinen. Alle Mitglieder dieser Ordnung zeigen mehr oder weniger die Froschform. Die zweite Ordnung, Schwanzlurche (*Urodala*), ist stets mit einem Schwanze versehen, der sich bei den auf dem Lande lebenden Tieren mehr abrundet, bei den im Wasser lebenden seitlich zusammengedrückt und ruderförmig erscheint, und zur Begattungszeit noch ausserdem mit aufrecht stehenden Hautkämmen oder Säumen besetzt ist. Die allgemeine Körperform gleicht bei allen Schwanzlurchen, wenigstens den deutschen Arten, der der Eidechse und beide so ganz verschiedene Tiersippen werden auch dieser übereinstimmenden Körperform wegen, wie schon eingangs erwähnt, von den Laien miteinander verwechselt.

Die Haut der Lurche ist fast immer nackt, manchmal von höchst zarter, das andere Mal wieder von derberer Beschaffenheit, immer aber zum Durchlassen von Feuchtigkeit befähigt, welch letztere überhaupt die Existenzbedingung dieser Tierklasse bildet. Die häufig auf der Haut hervortretenden Drüsen, welche als einfache Poren oder auch als Warzen manchmal in Gruppen zusammentreten, sind zur Systematik wohl verwendbar, namentlich gehören hierher die Ohrendrüsen, zwei in der Gegend des Ohres gelegene, bei den einzelnen Arten ziemlich konstant bleibende Wülste. Hervorzuheben ist noch, dass die nackte, drüsenreiche Haut von äusserster Wichtigkeit für die Lurche ist. Die verschiedensten Experimente haben ergeben, dass eine Störung der Hautthätigkeit den nachteiligsten Einfluss auf den Organismus der Tiere übt; die Haut allein vermittelt den bedeutenden Bedarf an Feuchtigkeit, da die Lurche das Wasser nicht trinkend zu sich nehmen.

Der ziemlich breite mit nach vorn mehr oder weniger zugespitzter oder abgerundeter Schnauze versehene Kopf ist vom Rumpfe nur wenig oder gar nicht geschieden. Die Augen sind bei den deutschen Arten stark vortretend und gut ausgebildet. Die Zunge ist entweder mit ihrer ganzen Fläche an der Mundhöhle angewachsen oder durch ein über die Mitte der Unterseite ziehendes Band, oder endlich nur mit ihrem vorderen Rande befestigt. Die Zähne, welche mitunter ganz fehlen, stehen bisweilen nur in einem, bisweilen auch in beiden Kiefern und im Gaumen, sind aber so klein, dass sie weniger durch das Gesicht, als vielmehr durch das Gefühl, indem man tastend mit einem Messerrücken darüber hinfährt, wahrnehmbar sind. Die Beschaffenheit und Befestigung der Zunge und die Anordnung der Zähne sind ebenfalls wichtige Anhaltepunkte zur Feststellung der einzelnen Gattungen.

Soweit bis jetzt bekannt oder vermutet wird, haben alle Lurche eine Verwandelung zu bestehen, die entweder teilweise schon im Mutterleibe (bei den lebendig gebärenden) oder im Wasser (bei den laichenden) durchgemacht wird. Aber selbst die lebendig geborenen Jungen sind noch so lange an das Wasser gebunden, bis die Lungen, die bis dahin durch innere und äussere Kiemen ersetzt werden, sich ausgebildet haben und die Luftatmung eintritt. Bei denjenigen Arten, die vorzüglich auf dem Lande sich aufhalten, geht die Verwandelung der Brut in kürzerer Zeit vor sich als bei den Arten, die das Wasser bevorzugen. Im übrigen habe ich schon hier zu bemerken, dass noch keineswegs von allen Gattungen die Art und Weise der Fortpflanzung in Bezug auf Begattung bekannt ist, ja, dass in einigen Fällen noch nicht festgestellt werden konnte, ob man es mit einem ausgebildeten Tiere oder mit einem noch in der Entwickelung begriffenen zu thun hatte.

Die Begattung geschieht in der Regel ohne innere Befruchtung oder geschlechtliche Vereinigung. Nur die lebendig gebärenden Erdsalamander dürften hiervon eine Ausnahme machen, doch gründet sich diese Annahme durchaus nicht auf Erfahrung und hat auch ihre Gegner.

Die meisten der in Deutschland vorkommenden Lurche sind Landtiere, doch bringen einige Arten den grösseren Teil ihres Lebens im Wasser zu; alle aber sind mehr oder weniger vom Wasser oder von der Feuchtigkeit abhängig. Streng genommen giebt es in Deutschland keine Lurchart, die ausschliesslich im Wasser lebt, vielmehr ist allen, mit Ausnahme der Laichzeit, das Wasserleben entbehrlich, wenn ihnen als Ersatz nur sonstige Feuchtigkeit zu gute kommt.

Unsere Lurche nähren sich ausschliesslich von lebenden Tieren (Insekten, Würmer, kleine Wirbeltiere) die unzerteilt verschlungen werden. Nur im Larvenzustande wird auch vegetabilische Kost angenommen. Die Gefrässigkeit der Lurche und somit ihre Nützlichkeit ist bedeutend und letztere könnte eine viel grössere sein, wenn an Stelle der heutigen unvernünftigen rohen Verfolgung eine Hegung oder wenigstens eine Duldung dieser nützlichen Tiere in den von ihnen gewählten Standorten geübt würde. Auch hier ist es die Schule, wo der Hebel angesetzt werden müsste, um allseitige Aufklärung über eine so lange verkannte Tierklasse zu verbreiten.

Erste Ordnung.

Froschlurche (Anura).

Die Ordnung der Froschlurche ist in Deutschland durch folgende vier Familien vertreten: 1) Baumfrösche (*Hylidae*), 2) Glattfrösche (*Ranidae*), 3) Krötenfrösche (*Pelobatidae*), 4) Kröten (*Bufonidae*). Diese vier Familien unterscheiden sich zwar durch bestimmte nicht unerhebliche Abneigungen in Bezug auf Körperbau und Ausbildung einzelner Gliedmafsen, der Gesamteindruck ihrer äusseren Erscheinung bleibt aber derselbe. Der breite, vorn mehr oder weniger abgerundete Kopf ist ohne halsartige Verdünnung dem plumpen, länglich runden oder mehr eckigen, auf dem Rücken abgeplatteten oder mässig kantierten Rumpfe angesetzt. Die sehr beweglichen Augen, welche stark herausgedrückt, aber auch weit zurückgezogen werden können, sind mit längsgespaltenen Lidern, von denen das untere das weitaus grösste ist, und mit metallisch glänzender Iris versehen. Die kräftig entwickelten Beine zeigen bei den verschiedenen Familien wesentliche Abänderungen, indem sie sich mehr oder weniger als Sprungorgan ausbilden. Die Hinterbeine sind mit fünf ungleich grossen, gewöhnlich durch Schwimmhäute verbundene Zehen, deren kürzeste der Daumen und deren längste in der Regel die vierte ist, versehen. Die vorderen Beine sind stets nach einwärts gebogen und haben nur vier Zehen, welche meist freistehen, also nicht durch Schwimmhäute verbunden sind. In einem Falle (Laubfrosch, *Hyla arborea*) sind die Spitzen sämtlicher Zehen mit kleinen tellerartigen Erweiterungen versehen, vermittelst deren ein luftleerer Raum gebildet und wie mit Saugnäpfen ein Anheften an senkrechten oder überhängenden glatten Flächen möglich wird.

Die Männchen bleiben an Grösse etwas hinter den Weibchen zurück und haben meistens entweder an den Seiten des Kopfes hinter den Mundwinkeln oder an der Kehle, Schallblasen, welche sich beim Schreien, was stets mit geschlossenem Maule geschieht, aufblähen und so zur Verstärkung des Tones wesentlich beitragen. Bezeichnend für das männliche Geschlecht sind noch die zur Paarungszeit an gewissen Stellen des Körpers, vorzüglich an den Vorderbeinen und deren Zehen, hervortretenden rauhen, geschwärzten Anschwellungen, auf die ich bei Beschreibung der einzelnen Arten zurückkommen werde.

Alle Mitglieder dieser Ordnung, auch diejenigen, welche fast ausschliesslich Landbewohner sind, finden sich im Frühjahre zum Zwecke der Begattung im Wasser zusammen. Letztere geschieht, wie schon oben bemerkt, nicht durch eine innere geschlechtliche Vereinigung, sondern das Männchen umfasst das Weibchen unter den Achseln oder in der Lendengegend und drückt die in gallertartigen Schleim gehüllten Eier des Weibchens, welche in Schnüren oder Klumpen zu Tage treten, heraus, wobei sie von ihm befruchtet werden. Die Eier (Laich) sinken zu Boden, schwellen hier durch Wasseraufnahme reichlich zur doppelten Grösse an und steigen dann wieder zur Oberfläche, wenn sie nicht vom Männchen im Augenblicke der Befruchtung mit den Hinterbeinen um Wasserpflanzen gewunden worden sind, in welchem Falle sie bis zum Auskriechen der Larven, bez. bis zu ihrer Zersetzung unter Wasser bleiben.

Der Geschlechtstrieb scheint, wenigstens beim männlichen Geschlechte, ziemlich stark zu sein. Die Umarmung ist so brünstig, dass kleinere Weibchen nicht selten davon zu Grunde gehen; auch kommt es vor, dass tote Tiere, oder anderen Familien angehörende, ja selbst Fische, bei Mangel an Weibchen von dem ungestümen Männchen umarmt werden. Der Begattungsakt selbst ist bei den verschiedenen Arten von ungleicher Dauer, er währt von einigen Stunden bis zu einer Woche und länger. Die Tiere bleiben während dieser Zeit entweder zusammenhängend oder vereinigen sich nach einigen vergeblichen Versuchen von neuem, bis endlich das Hervortreten der Eier und deren gleichzeitige Befruchtung stattfindet.

Die Begattungszeit der Froschlurche fällt in die Monate des März bis Juni; den Anfang machen die Glattfrösche und unter diesen der Wasserfrosch (*Rana esculenta*); den Schluss bilden einige Kröten, namentlich die Kreuzkröte (*Bufo calamita*). Die Zeitdauer bis zum Ausschlüpfen der Larven oder Kaulquappen ist bei den einzelnen Arten sehr verschieden und differiert zwischen zehn Tagen und acht bis neun Wochen. Stark beeinflusst wird diese Zeit noch durch die äussere Temperatur, die Temperatur des Wassers (z. B. kaltes Quellwasser), sowie steile Uferabhänge, welch letztere es dem Tierchen erschweren, sich nach und nach an das Land zu begeben und hier Lungenatmungen einzuüben. Kommt zu diesen die Ausbildung der Larven erschwerenden Zufälligkeiten noch ein vorzeitiger rauher Herbst, so sind die Tierchen genötigt, den Winter über im Larvenzustande zuzubringen. Dieses Schicksal betrifft meistens nur die Knoblauchkröte (*Pelobates fuscus*) und den Wiesenfrosch (*Rana temporaria*).

Die Entwickelungsgeschichte der Froschlurche ist von höchstem Interesse und jedem dafür sich Interessierenden leicht zugänglich. Es werden verhältnismässig nicht wenige Aquarien gehalten, die aber weniger dem Studium als vielmehr der Unterhaltung und als Zimmerzierde dienen. So hat z. B. der verstorbene Prof. Rossmässler in seinem sonst verdienstvollen Werkchen „Das Süsswasseraquarium“ ein Rezept für die Bevölkerung der

Aquarien gegeben, welches das Studium der Entwickelung einzelner Tiere fast ausschliesst und überhaupt den Zweck eines Aquariums in Frage stellt. Nach den sehr schätzenswerten Mitteilungen über Anlage, Einrichtung und Behandlung des Aquariums kommt Prof. Rossmässler auf dessen Insassen und empfiehlt eine Reihe von Tieren aus den Klassen der Infusorien, Polypen, Würmer, Weichtiere, Insekten, Fische, Amphibien, ja sogar Reptilien (Schildkröten und „Krokodilchen"), die ein Gedeihen des Ganzen oder der einzelnen Individuen fast zur Unmöglichkeit machen, weil ein Tier immer des anderen Feind ist und die gegenseitige Beunruhigung sowol das natürliche Verhalten der Tiere, noch mehr aber die hier ins Auge gefasste Entwickelung beeinträchtigt.

Wer sich der dankbaren Aufgabe des Studiums der bei der Entwickelung der Amphibien statthabenden Vorgänge unterziehen will, beobachte folgendes Verfahren. Zunächst ist ein wenn auch nur kleines Aquarium herzurichten — ich zog z. B. in einem $^1/_4$ Liter enthaltenden Gläschen, in welches ich täglich den Stiel einer frisch abgeschnittenen Rose steckte, aus einigen Unkeneiern Larven, die ich vier Wochen in demselben Raume am Leben behielt, bis sie durch Zufall zu Grunde gingen —; man bedeckt den Boden des Behälters mit Triebsand oder gut ausgewaschenem Gartensand, bringt hierauf in der Mitte etwas Tropfstein an, dessen Niveau etwas über dem Wasserspiegel hervorstehen muss, und vergräbt in dem Sandboden einige in kleine Blumenscherben eingepflanzte möglichst zarte Wasserpflanzen; die Blumenscherben bedeckt man mit Steinen, um das Abspülen der Erde zu vermeiden. Später werden noch einige schwimmende Pflanzen, die fast in jedem Teiche zu haben sind, hinzugesetzt. Die Pflanzen dienen teils als Futter; ihre Hauptaufgabe besteht aber darin, die durch Futterüberreste oder etwaige gestorbene Tiere oder faulende Pflanzenstoffe erzeugten schädlichen Gase und Säuren aufzusaugen und dafür den Tieren Sauerstoff zurückzugeben. Da letzterer auch durch die Luftaufsaugung des Wassers gewonnen wird, so vermeide man solche Behälter, die sich allzusehr nach oben verengen.

Das so vorbereitete Aquarium wird mit Teich- oder Flusswasser in der Weise gefüllt, dass man das Wasser langsam auf den Stein giesst oder vermittelst eines Schlauches allmählich zulaufen lässt. Ist man zur Vermeidung von Umständen genötigt Brunnenwasser zu verwenden, so gebrauche man die Vorsicht, das Aquarium wenigstens drei Tage vorher zu füllen, ehe man die jungen Tiere oder den Laich einsetzt.

Wenn es nicht darauf abgesehen ist, die Entwickelung einer bestimmten Lurchart beobachten zu wollen, so ist der Laich leicht zu beschaffen; jeder Wassergraben oder Teich bietet hierzu Gelegenheit. Im anderen Falle ist man, um ganz sicher zu gehen, genötigt, die Muttertiere einzufangen und dieselben in besonderen grösseren Behältern bis zur beendeten Begattung unterzubringen. Es wird befremden, dass ich diese Umständlichkeit für notwendig halte und nicht eine genaue Beschreibung des Laiches bez. der Larven vorziehe. Zur Erklärung diene folgendes: In Deutschland leben acht bez. neun Froschlurcharten, deren Entwickelungsphasen zwar von einzelnen Forschern genau beschrieben sind, aber doch nicht in der Weise, dass es selbst dem Fachmanne möglich wäre, auf Grund dieser Beschreibung zweifellos die Angehörigkeit des aufgefundenen Laiches oder der Kaulquappen in jedem Falle festzustellen. Hierzu kommt noch, dass die fraglichen Berichte, vielleicht mehr oder weniger auf Vermutungen gestützt, sich gegenseitig widersprechen. Eine zweifellose Darstellung des Laiches und der ihm angehörigen Larven kann aber nach meiner Ansicht nur durch sorgfältig gezeichnete und kolorierte Bilder, oder durch sachverständig ausgeführte Weingeistpräparate erreicht werden. Meinem in der Einleitung erwähnten Vorhaben zufolge war ich genötigt, mir über die Beschaffenheit des Laiches und der Larven einiger Froschlurche Auskunft zu verschaffen, fand dieselbe aber weder in der Litteratur durch bildliche Darstellung, noch in irgend welcher zoologischen Sammlung in Form von Weingeistpräparaten, und ich war deshalb gezwungen, durch Züchtung zu der gewünschten Aufklärung zu kommen. Die Veränderlichkeit des Laiches, noch mehr aber die der Larven, welche mit zunehmender Ausbildung in Form und Farbe fortdauernd wechseln, lassen auch eine Beschreibung derselben meinerseits als nicht zweckentsprechend erscheinen.

Der eingetragene Laich muss möglichst frisch sein; er ist als solcher unschwer an seinem noch runden Dotter zu erkennen. Bei vorgerückter Reife bildet sich der Keim bogenförmig aus und man gewahrt deutlich zeitweilige zuckende Bewegungen der kleinen noch mit Gallertmasse umschlossenen Larve. In diesem Stadium ist der Laich zum Transporte ungeeignet, weil die kleinen Larven durch die beim Transporte unvermeidlichen Erschütterungen die teilweise schon zersetzte oder von ihnen aufgezehrte Gallertmasse vorzeitig durchbrechen und dann oft schon während des Transportes zu Grunde gehen. Beim Einsetzen des Laiches in das Aquarium ist ein plötzlicher Temperaturwechsel zu vermeiden. Man giesst zu diesem Zwecke dem gewöhnlich stark erwärmten Transportwasser nach und nach etwas frisches Brunnenwasser zu, bis es annähernd die gleichen Temperaturgrade des Wassers im Aquarium hat und hebt nun erst den Laich mittels eines Netzes in den Behälter.

Die bald auskriechende junge Brut nährt sich in frühester Jugend von den zartesten Pflanzenteilchen; man unterlasse deshalb, soweit nicht dadurch die Beobachtung beeinträchtigt wird, das Abwaschen der inneren Fläche der Glasscheiben, weil sich dort in kürzester Zeit, zumal wenn das Aquarium der freien Luft ausgesetzt ist, zahlreiche Algen ansetzen, die den kleinen Larven als willkommenes Futter dienen. Später füttert man sie mit kleinen Wasserinsekten, die man in einem dichten Schmetterlingsnetze in fast jedem stehenden Gewässer fangen kann; auch feingeriebener auf dem Wasser schwimmender Zwieback wird von den Larven geschickt aufgenommen, wobei man in das

Innere des mit zwei querstehenden Hornscheiden besetzten Mäulchens sehen kann. Bei noch weiterer Entwickelung, wenn die Vorderbeine zum Vorscheine gekommen sind, kann man zur Fütterung mit ganz kleingeschnittenen Regenwürmern oder Fleischstückchen übergehen. Bei Aquarien, die im Freien stehen und nicht zu sehr übervölkert sind, ist eine Fütterung, wenigstens im Anfang der Entwickelung der Larven, unnötig, weil hier durch viele kleine Insekten, die ihre Brut im Wasser absetzen, für hinreichende Nahrung gesorgt wird. Nachdem sich die Hinter- und Vorderbeine ausgebildet haben, schrumpft der Schwanz auffällig schnell ein. In dieser Periode sucht das Tier den Uferrand auf (im Aquarium benutzt es das Niveau des über den Wasserspiegel hervorragenden Felsens) und gewöhnt sich hier an die Lungenatmung, macht auch gelegentlich einen Sprungversuch nach einem kleinen Insekt. Je nach Umständen wird man jetzt genötigt sein, wenn man sonst den Tieren nicht die Freiheit schenken will, durch ein Gazenetz oder durch Verminderung des Wasserstandes etwaigen Fluchtversuchen entgegenzuwirken. Ist der Schwanz bis auf ein Stümpfchen eingetrocknet, dann bringt man die kleinen Lurche in ähnlichen Behältern unter, wie ich sie bereits S. 78 u. flg. beschrieben habe.

Man wird bei einiger Aufmerksamkeit kaum in die Lage kommen, während der eben beschriebenen Entwickelungsperiode das Wasser wechseln zu müssen. Es ist, besonders wenn man nicht Laich, sondern ausgekrochene Larven ins Aquarium bringt, in der ersten Zeit darauf zu achten, dass gestorbene Tiere, noch ehe sie in Verwesung übergehen, aus dem Aquarium entfernt werden. Praktisch erscheint es, wenn man eingefangene Larven vorerst in einem anderen Behälter unterbringt und die gewöhnlich schlimmen Folgen des Transportes u. s. w. abwartet, sodass man nur vollkommen gesunde Tiere in das Aquarium setzt. Weitere Beachtung verdient das Füttern mit Fleischstückchen u. s. w.; man darf hier des Guten nicht zu viel thun; oder vielmehr die Portionen müssen so knapp bemessen sein, dass nichts übrig bleibt, was durch Fäulnis ein Umschlagen des Wassers herbeiführen könnte. Die zeitweilige Sonnenbescheinung ist notwendig, doch benutze man hierzu nur die Morgen- oder Abendsonne, um eine Überwärmung des Wassers zu vermeiden. Fische, gleichviel welcher Art, können nicht gleichzeitig mit der Lurchbrut zusammengehalten werden, ohne letztere zu gefährden. Der Laich und die eben ausgeschlüpften Jungen werden von allen Fischarten gefressen; aber auch grössere Larven laufen Gefahr, um einen Teil ihres Flatterschwanzes zu kommen und dann zu Grunde zu gehen.

Zum Schlusse dieses Kapitels will ich noch ein kleines Experiment beschreiben, mittels dessen die meisten unserer Froschlurche (Männchen) zu einem Solovortrage ihres sonst immer nur im „Chor" zu hörenden Gesanges gebracht werden können. Nimmt man einen Froschlurch (am besten eignet sich der Teichfrosch, *R. esculenta*, oder eine Kröte) in die Hand, indem man ihn mit dem Daumen gegen die als Sitz dienenden übrigen Finger drückt und ihn gleichzeitig mit dem Daumen auf dem Rücken streichelt, so wird er ein wohlgefälliges Grunzen vernehmen lassen. Hebt man ihn nun in die Höhe und giebt ihm dadurch ein anderes Gesichtsfeld, so lässt er seine volle Stimme erschallen und macht keinen Versuch sich aus seiner Lage zu befreien. Das Experiment gelingt am leichtesten während der Paarungszeit.

Laubfrosch (*Hyla arborea*).

Der Laubfrosch vertritt in Deutschland oder vielmehr in Europa die sehr familienreiche Gattung der Baumfrösche (*Hylidae*). Als Baumfrosch zeichnet er sich durch seine an den Spitzen der Zehen befindlichen elastischen Polster aus, welche, indem sie gegen die Unterlage gepresst und dann in ihrer mittleren Fläche zurückgezogen werden, ähnlich wie ein Saugnapf wirken. Der Laubfrosch ist in Deutschland der kleinste unter den Froschlurchen. Seine Körperformen insgemein machen den Eindruck des Zierlichen und die ihm eigene zarte Färbung ist nur geeignet, diesen Eindruck zu erhöhen.

Der Kopf ist mehr breit als lang; der zwischen den beiden stark vortretenden Augen liegende Raum ist bis zu den Nasenlöchern flach eingedrückt. Von letzteren aus im Halbbogen fällt der Kopf ziemlich steil nach der sanft abgerundeten Schnauzenkante ab. Der Oberkiefer und der Gaumen sind mit kleinen Zähnchen besetzt; die Zunge, nur im vorderen Teile angewachsen, kann durch Umstülpung von hinten nach vorn geworfen werden. Das sichtbare runde Trommelfell ist etwa ein Drittel kleiner als das Auge. Die Kehle zeigt eine deutliche Querfalte und ist, wie überhaupt die ganze untere Seite des Tieres, mit zahlreichen Wärzchen besetzt, welche jedenfalls zur Aufnahme von Feuchtigkeit dienen. Die Vorderbeine entsprechen ungefähr der Grösse des Rumpfes; die Hinterbeine sind circa um ein Viertel länger als der übrige Körper. Die Zehen der Vorderfüsse sind durch eine kaum bemerkbare Spann- oder Schwimmhaut verbunden; die dritte Zehe vom Daumen ausgehend, ist am längsten. Die fünf hinteren Zehen besitzen bis zu ihrer Mitte reichende Schwimmhäute, die dritte und fünfte Zehe haben gleiche Länge; die vierte hingegen ist am längsten. Sämtliche Zehen haben an der Unterseite kleine tellerförmige Anschwellungen.

Die Zeichnung unseres Laubfrosches unterliegt in der Regel gar keinem Wechsel. An den Nasenlöchern beginnend, von den Augen unterbrochen und oberhalb des Trommelfelles fortlaufend zieht sich ein dunkeler von oben gelbbegrenzter Streifen an den Bauchseiten hin bis zum Ober-, bez. auch zum Unterschenkel der Hinterbeine. Dieser Streifen bildet gleichsam die Grenzlinie zwischen der oberen und unteren Grundfarbe. Letztere ist ein matt ins Gelbe scheinendes Weiss und erstreckt sich buchstäblich auf die ganze untere Seite des Tieres (inkl. der Gliedmafsen). Nur das Männchen weicht wegen seiner schwärzlichen Kehle hiervon etwas ab. Dasselbe besitzt nämlich an der Kehle eine Schallblase, welche beim Schreien sich nach und nach bis zur Grösse einer Kirsche mit Luft füllt und den Ton bedeutend verstärkt. Die Runzeln und Falten dieser sonst wasserfarbenen Blase geben der Kehle des Männchens im Ruhezustande die erwähnte schwärzliche Färbung. — Die Grundfarbe der oberen Seite ist in der Regel blattgrün, doch hat unser Laubfrosch ein so ausgezeignetes Anpassungsvermögen, dass er fast augenblicklich zu einem anderen Farbenton übergehen kann. Nicht nur passt er sich dem wechselnden Grün der verschiedenen Pflanzenarten an, sondern er adoptiert auch das Grün, Braun u. s. w. Seltener erscheint er fleckig, doch habe ich ihn ein paarmal an dem Stamme der Birke klebend gefunden, wo seine gemarmelte Zeichnung kaum einen Unterschied mit der der Birkenrinde zeigte. Die alte volkstümliche Behauptung, dass man den Laubfrosch nicht in die Hand nehmen darf, wenn anders er sein schönes grünes Kleid nicht verlieren soll, hat einige Berechtigung, weil auch Gemütserregungen viel zur Farbenänderung beitragen. Bei den in Botanisiertrommeln transportierten Laubfröschen kann ich mit Sicherheit darauf rechnen, dass wenigstens ein Teil sich dem dunkelen Aufenthalte angepasst hat und entweder ganz dunkelgrün oder braun ihre Gefangenschaft antreten.

Die geringe Scheu, die der Laubfrosch dem Menschen gegenüber zeigt, ist jedenfalls auf das Sicherheitsgefühl, welches ihm sein Anpassungsvermögen verleiht, zurückzuführen. Er lässt sich ruhig ergreifen, indem er wahrscheinlich bis zum letzten Augenblicke auf seine Unsichtbarkeit gerechnet hatte. Einmal gefangen sucht er natürlich zu entkommen und weiss dabei recht wol seine Vorteile zu benutzen. Ein artiges Beispiel seines Gedächtnisses und seiner Beobachtungsgabe sah ich in meinem Terrarium. Ein Laubfrosch versuchte die teilweise mit Zink beschlagene Umfriedigung zu überklettern, er lief ohne Schwierigkeit an der senkrechten Bretterwand in die Höhe bis zu dem mit Zink beschlagenen Teile. Das Zink war durch die Sonne dermafsen erhitzt, dass der Laubfrosch bei Berührung desselben sofort losliess und herabfiel, aber von neuem den Versuch mit demselben Misserfolge wiederholte. Ich wurde auf einen Augenblick abgerufen und stellte, da ich eben mit Begiessen beschäftigt war, die Giesskanne in die Nähe des eben wieder herabgefallenen Frosches. Als ich ein paar Minuten später wiederkam, sass der Laubfrosch auf dem Rande der Planke und war im Begriffe, nach dem Stamme eines gegenüberliegenden Baumes zu springen. Ich liess ihn innerhalb dicht an der Planke zu Boden fallen, um möglichenfalls zu sehen, auf welche Weise er seinen ziemlich gelungenen Fluchtversuch angestellt hatte. Es war sehr einfach. Der Laubfrosch sprang zunächst auf den Griff der Giesskanne und mit einem zweiten Sprunge auf den Rand der Planke. Das Experiment wurde noch zweimal hintereinander in ganz gleicher Weise ausgeführt.

Der Laubfrosch überwintert nach meinen Beobachtungen nicht im Wasser, sondern verkriecht sich unter Dunghaufen, in Erdhöhlen, hohlen Bäumen, oder tiefem abgefaulten Laube. Er zeigt sich gewöhnlich erst im Mai und sucht zunächst zum Zwecke der Begattung das Wasser auf. Hier übertrifft er im Wetteifer mit dem Teichfrosche (*Rana esculenta*) letzteren durch sein hell- und weithintönendes Geschrei, welches einige Ähnlichkeit mit dem Lockrufe des Rebhuhnes hat.

Der Laich des Laubfrosches wird in Klumpen abgelegt und unter dem Wasser spiralförmig um Schilfpflanzen geschlungen. Die sehr zarten goldglänzenden Larven erreichen ziemlich die Grösse der Larven vom Teichfrosche, zeichnen sich aber vor allen übrigen Froschlurchlarven durch eine nach aufwärts gebogene Stellung des Vorderkörpers aus. Im August kommen die kleinen noch mit einem Schwänzchen versehenen Fröschchen ans Land, bleiben aber des reichlicheren Futters wegen noch längere Zeit in der Nähe des Wassers.

Den Sommer verlebt der Laubfrosch in luftigen Höhen von Bäumen und Büschen und nährt sich von allerhand Insekten. Bei einem Sprunge nach der Beute ist er sorglos darum, einen neuen Anhaltepunkt zu finden; dient ihm doch schon ein Blatt oder ein dünnes Reis, um sich beim Hinabfallen schnell anzukleben.

Man hält den Laubfrosch für einen Wetterpropheten und sperrt ihn deshalb oft in die kleinsten Behälter ein. Mit seiner Prophezeihung sieht es aber sehr windig aus. Er schreit wenn bereits feuchte Witterung eingetreten und schweigt, wenn trockene Luft vorherrschend ist. Das Schreien ist in erster Linie ein Zeichen des Wohlbefindens; es kann aber auch durch Sinnenreiz hervorgerufen werden, z. B. bei anhaltendem Rascheln mit Papier, Aneinanderreiben zweier Messerklingen u. s. w. Aber gleichgültig inwieweit der Laubfrosch als Wetterprophet geeignet ist, man gönne ihm wenigstens in der Gefangenschaft einen möglichst weiten Raum, sorge für ein bequemes Ruheplätzchen und wechsele jede Woche mit einer frischen Graswurzel. Die Öffnung des Glases wird mit Stoffgaze verschlossen; Drahtgaze hat den Nachteil, dass sich der Laubfrosch beim Fangen von Insekten die Schnauzenkante verletzt.

Teichfrosch (*Rana esculenta*).

Unser allbekannter Teich- oder Wasserfrosch repräsentiert eigentlich die Normalgestalt der deutschen Froschlurche. Der Körper ist mehr schlank als breit; der abgeplattete Kopf ist in der Stirngegend der Länge nach vertieft, erscheint mehr breit als lang und bildet ein Dreieck, dessen vorderer Teil sich spitzbogig abrundet. Die längsgespaltenen Augen mit goldenem Ringe stehen weit nach oben und treten stark hervor. Das Trommelfell entspricht ungefähr in seiner Grösse dem Durchmesser des Auges. Die Zunge ist in ihrem hinteren Teile frei und vorschlagbar. Die Vorderbeine sind beim Männchen kräftiger entwickelt als beim weiblichen Geschlechte; sie besitzen vier dicke nicht durch Schwimmhäute verbundene Zehen, unter denen der Daumen am stärksten ist und beim Männchen in der Paarungszeit noch stärker anschwillt, ohne sich jedoch schwärzlich zu färben. Die Hinterbeine haben fünf bis ziemlich zur Spitze durch Schwimmhäute verbundene Zehen, die vierte ist bedeutend verlängert; unterhalb des Daumens kommt ein länglicher halbbogiger Auswuchs zum Vorscheine, der wie ein Ansatz zu einer sechsten Zehe gestaltet ist. Gegenüber diesem Auswuchse auf der anderen Seite des Fusses befindet sich ein anderer kleiner, flacher, runder Vorsprung.

Die Haut ist in der Regel ziemlich glatt, obgleich bald mehr oder weniger grosse oder kleinere Warzen auf der Oberfläche vorkommen. Bei älteren Tieren nehmen ausnahmsweise die Warzen an Umfang und Zahl so überhand, dass das Tier krötenartig erscheint. Das Männchen hat hinter den Mundwinkeln zwei Schallblasen, die beim Schreien zu runden Blasen anschwellen und im Ruhezustande faltenartig zusammengelegt etwas hervorstehen.

Die Färbung des Teichfrosches ist so verschieden, dass eine detaillierte Beschreibung überflüssig erscheint. Nicht nur das Alter, die Häutung, der Standort, sondern auch die Heimatsangehörigkeit und der Ernährungszustand sind von grösstem Einflusse auf Zeichnung und Färbung unseres Tieres; ein und derselbe Frosch kann je nach der Jahreszeit ein verschiedenes Aussehen bekommen. Unter solchen Umständen begnüge ich mich mit Angabe einiger weniger, aber meist konstant bleibender Merkmale. Auf der mehr oder weniger hellgrünen Oberseite verlaufen vom Hinterkopfe bis zum Rumpfende drei gelbliche Striche in gleichen Abständen voneinander; der mittelste Strich erscheint gewöhnlich am deutlichsten, beginnt oft schon an der Nasenspitze und zieht von hier zwischen den Augen nach der Rückenmitte. Zwischen und neben diesen Strichen treten meistens unregelmässig verteilte gleichgrosse schwarze Flecke auf, die sich an den Beinen zu Querbinden erweitern. Beim Weibchen erscheinen diese Flecke zahlreicher und deutlicher. Die Kieferränder, vorzüglich die oberen, sind dunkel kantiert. Bei Tieren bis unter zwei Jahren sind diese eben genannten Auszeichnungen erst im Werden begriffen; die schwarzen Flecken erscheinen noch als Punkte, von den drei Längslinien tritt nur die mittelste deutlich hervor. Tiere über fünf Jahre bilden sich in Bezug auf Zeichnung wieder rückwärts; von den drei Längslinien bleibt nur die mittelste übrig, und die anfangs grossen schwarzen Punkte schrumpfen zu undeutlichen kleinen Tupfen zusammen.

Die Grösse des ausgewachsenen Teichfrosches richtet sich im wesentlichen wiederum nach den äusseren Umständen. An einzelnen Örtlichkeiten findet man Tiere von 10—12 cm Länge, ungerechnet der mindestens ebenso langen Hinterbeine, während in dem benachbarten anscheinend gleichbeschaffenen Teiche oder Sumpfe selbst die grössten Exemplare weit hinter den erstgenannten zurückbleiben.

Der Teichfrosch ist jedenfalls der begabteste innerhalb seiner Klassenverwandten. Er zeigt Mut, Stärke, Ausdauer, List und Gewandtheit. Obgleich er in jedem Terrarium seiner Räuberein wegen schädlich ist, bin ich doch gezwungen, ihn oder seinen Vetter (*Rana temporaria*), der nicht viel tugendreicher ist, als Futtertier in ziemlicher Anzahl zu halten, und habe dafür reichlich Gelegenheit, sein Thun und Treiben beobachten zu können. Wie er sich gegen seine Feindin, die Ringelnatter, verhält, habe ich bereits S. 16 erwähnt. Bemerkt sei noch, dass sowohl Teich- wie Wiesenfrösche anfangs vor jeder Schlange und jeder grösseren Eidechse eine ausserordentliche Furcht zeigen; später wissen sie jedoch einen richtigen Unterschied zu machen und legen alle Scheu den Eidechsen und den ihnen nicht nachstellenden Schlangen (Schlingnattern) ab. Die eigene Jagd treiben sie mit vielem Geschicke oder gar Überlegung. Kleine Jadscenen, wie folgende, könnte ich alle Tage beobachten: Eine Fliege setzt sich auf das Plateau eines von der Sonne beschienenen Steines und nähert sich öfter dessen scharfkantiger Seite. Dies erregt die Aufmerksamkeit eines tiefer sitzenden Frosches; er zieht die Hinterbeine dicht an den Körper, ist somit sprungfertig und wartet auf den Augenblick, wo die ihm sonst unsichtbare Fliege an den oberen Rand des Steins kommen soll. Dies geschieht zwar noch ein paarmal, aber auf so kurze Zeit, dass der Frosch nicht zum Sprunge kommt. Er wartet noch eine Weile, während welcher Zeit die Schmeissfliege, wie es ihrer Art eigen, ab- und zugeflogen ist. Endlich kriecht er vorsichtig an dem Steine in die Höhe bis er das obere Terrain übersehen kann und gewahrt die Fliege an dem entgegengesetzten tiefer liegenden Rande des Steines. Der Frosch kehrt vorsichtig um — er hat sich orientiert — und kriecht an der anderen Seite des Steines bis an die Oberfläche desselben in die Höhe. Der schnelle Erfolg bewies, dass unser Frosch richtig kalkuliert hatte.

Mit der Auswahl der Beute nimmt es der Teichfrosch nicht so genau; er frisst alles, was sich vor ihm bewegt und was er glaubt hinunterwürgen zu können. Nicht blos ein- oder zweijährige Kröten oder Frösche, sogar seiner eigenen Art, sondern auch ausgewachsene Gartenmolche (*Triton taeniatus*), kleinere Eidechsen, junge Schlangen, hartschalige Käfer bis zur Grösse des Maikäfers u. s. w. fallen seiner Gefrässigkeit zum Opfer. Ich habe auch bemerkt, dass der Frosch nicht selten den für ihn gefährlichen Irrtum begeht, das dünne Schwanzende einer grösseren Ringelnatter verschlucken zu wollen, bis diese sich zu seinem Entsetzen mit ihrem versteckt gewesenen Vorderkörper nach ihm kehrt.

Nach meinen Beobachtungen zieht der Teichfrosch vom Juli ab das Land dem Wasser vor. Im August verstummt sein nächtliches Geschrei; er übernachtet auf dem Lande, wenn auch in unmittelbarer Nähe des Wassers. Die von ihm aufgeführten Konzerte hängen, wie bei allen mit „Stimme“ begabten Froschlurchen, mit der Paarung zusammen und werden stets nur im Wasser ausgeführt. Die Begattung beginnt erst im Mai oder Anfang Juni, währt aber bis Ende Juli. Bei zu wissenschaftlichen Untersuchungen secierten Froschweibchen fand man bereits im Oktober fruchtreife Eier, was darauf schliessen lässt, dass in wärmeren Ländern eine zweimal sich wiederholende Begattung stattfindet.

Der Laich sinkt nach dem Legen zu Boden und steigt nicht wieder an die Oberfläche. Die von Gallerte umschlossenen Eier sind kleiner als die vom Taufrosche, entwickeln sich aber schon in fünf bis sechs Tagen zu Larven und nehmen in den ersten vier Wochen schnell an Grösse zu; trotzdem vergehen ziemlich vier Monate, ehe die Umwandelung vollendet ist; bei zeitig eintretendem Winter verbleibt die Brut während desselben im Larvenzustande. Die sehr grosse Kaulquappe bildet sich wie bei allen Froschlurchen, mit fortschreitender Reife an Grösse zurück; der Schwanz verliert sich ganz, und das Tierchen erhält an Stelle seines schwammigen Körpers eine minder grosse aber mehr knochige Gestalt. Die vollendeten Jungen sind übrigens mindestens noch einmal so gross, als die Jungen des Taufrosches.

Meine Beobachtungen im Terrarium in Bezug auf den Winterschlaf des Teichfrosches weichen von den bis jetzt für richtig gehaltenen und schon vor hundert Jahren gelehrten und geschriebenen Regeln etwas ab. Man hat bis jetzt angenommen, dass der Teichfrosch den Winter über im Schlamme stehender Gewässer zubringt. Je grösser die Tiere, je tiefer grüben sie sich ein, aus diesem Grunde kämen auch die kleineren Exemplare im Frühjahre eher zum Vorscheine als die grösseren. Auf diese Annahme mich stützende, versorgte ich mein etwa zwei Kubikmeter geräumiges Bassin mit hinreichendem Schlamme und versuchte auf diese Weise die Überwinterung. Ich fand im Frühjahre die Frösche als Leichen. Man könnte hier einwenden, dass der Tod aus Mangel an Luft eingetreten sein könnte; ich wende aber ein Verfahren an, welches nicht nur jener Eventualität vorbeugt, sondern gleichzeitig das Ausfrieren des Bassins verhindert und darum auch in weiteren Kreisen bekannt zu werden verdient: Mein Bassin ist nur mit Kalk gemauert und im Innern mit einer dünnen Cementschicht gedeckt; die Stärke der Wandung entspricht der Länge eines Mauersteines; die Tiefe beträgt 1 Meter. Der erste Frost überzieht nun das bis zum äussersten Rande gefüllte Bassin mit einer Eisdecke, in deren Mitte ich ein faustgrosses Loch stosse, durch welches ich mit einem cylindrischen Gefässe so lange Wasser abschöpfe, bis sich ein drei Centimeter weiter Raum zwischen der Eisdecke und dem Wasserspiegel gebildet hat, wodurch ein Weiterfrieren unmöglich gemacht wird. Das Loch wird dann mit einem Brettchen zugedeckt, welches nie so genau schliesst, dass dadurch die Ventilation abgeschnitten würde. Die Eisdecke muss vor diesem Experimente stark genug sein, um den etwa darauf fallenden Schnee tragen zu können. Nach eingetretenem Tauwetter und darauf folgendem Froste wird natürlich dasselbe Verfahren wiederholt. Auf diese Weise ist es mir gelungen, meine Goldfische im Bassin zu überwintern und dasselbe zugleich vor dem Zerfrieren zu schützen.

Doch gehen wir wiederum auf die Überwinterung des Teichfrosches zurück. Nach dem Misslingen des ersten Versuches machte ich zufällig die Entdeckung, dass ein Teichfrosch unter Umständen ertrinken kann. Auf den ersten Augenblick mag diese Behauptung lächerlich erscheinen, die Probe ist aber sehr einfach. Setzt man einen Frosch in ein tiefes Behältnis mit glatten Seitenwandungen, die ihm das Anhalten unmöglich machen, so ist er gezwungen, seine Kraft dauernd in Anwendung zu bringen, um sich die nötige Luftatmung zu verschaffen. Die unausgesetzte Thätigkeit lassen das Tier endlich ermatten, es sinkt und kommt in immer länger werdenden Zwischenräumen an die Oberfläche, bis ihm auch hierzu die Kräfte ausgegangen sind. Je nach der Beschaffenheit der Tiere oder der mehr oder weniger glatten Wandungen des Behälters hält sich der Frosch von 24 Stunden bis zu acht Tagen. Mein Bassin mit seinen schlüpferigen Seitenwänden war nun nichts weniger als geeignet, den Tieren für den Fall, dass sie während des Winters die Luftatmung fortsetzen, irgend welchen Ruhepunkt zu bieten. Ich änderte den Übelstand dadurch ab, dass ich recht grobe Packleinwand von den Rändern des Bassins aus ins Wasser hängen liess und erreichte einen überraschenden Erfolg. Gleichviel, ob das Bassin die oben beschriebene Eisdecke hatte oder nicht, die Frösche hielten sich, jung und alt, mit leichter Mühe in der weitmaschigen Leinwand fest und reckten von hier aus ihre Mäuler bis zum Wasserspiegel; allerdings verliessen sie bei der geringsten Störung ihre Ruheplätze und verkrochen sich, wie dies auch im Sommer geschieht, im Schlamme. Seitdem ist es mir auf diese Weise jeden Winter gelungen, meine Teichfrösche wohlbehalten durchzubringen.

Es hat sich mir aber die Überzeugung aufgedrängt, dass es im Teiche nicht anders sein kann. Die Frösche benutzen jedenfalls die Uferränder, um in dem zwischen Eis und Wasserspiegel sich bildenden freien Raume zu atmen, oder es kommt ihnen irgend welche Lücke zu statten, welche durch das Abfrieren des Uferrandes leicht entsteht.

Schon oben hatte ich erwähnt, dass der Teichfrosch nach der Laichzeit sich mehr auf dem Lande als im Wasser aufhält. Er besetzt gern die hochgelegenen Uferränder und erhascht von hier aus mit einem Sprunge ins Wasser die vor ihm vorbeifliegenden Insekten. — Interessant war für mich die Wahrnehmung, dass jeder einzelne Frosch sein bestimmtes Nachtquartier bezieht, in dem er jedenfalls einen Teil der Nacht schlafend zubringt und welches er am Tage nicht benutzt. Einem Freunde, der diese Thatsache bezweifelte, bezeichnete ich genau die Stelle (zwischen zwei breiten Klettenblättern), welche mit Eintritt der Dunkelheit von einem Frosche besetzt werden würde. Ich wusste schon im voraus, dass der Frosch bei der geringsten Störung in zwei mächtigen Sätzen nach dem Bassin springen würde und kannte den Fleck, von wo aus der zweite Sprung mit fast mathematischer Genauigkeit ausgeführt wurde. Um den Effekt zu erhöhen, setzte ich hierher ein weites halb mit Wasser gefülltes Gefäss. Wir sahen im Halbdunkel den Frosch sich nähern und bemerkten an der Bewegung der Blätter, wie er sein Nachtquartier kletternd bezog. Eine halbe Stunde später wurde mit einem Stöckchen ein geringes Geräusch in der Nähe des Klettenbusches gemacht, sodass der beunruhigte Frosch mit seinem gewöhnlichen Sprunge hervorkam und jedenfalls zu seiner nicht geringen Verwunderung in das Wassergefäss patschte. Mein Freund wurde aus einem Saulus ein Paulus; der Frosch aber bezog sein altes Quartier nicht wieder.

Taufrosch (*Rana temporaria*).

Der Tau-, Wiesen-, März- oder Grasfrosch ist von den Laien nicht so leicht vom Teichfrosche zu unterscheiden, deshalb will ich auf einige charakteristische Unterschiede aufmerksam machen: Das Maul des Taufrosches ist mehr zugerundet; der zwischen den weniger hochstehenden Augen gelegene Stirnteil ist nicht eingedrückt, sondern flach oder etwas erhaben. Das Trommelfell ist kleiner als das Auge; von den Augen aus zieht sich über das Trommelfell laufend und in der Nähe der Vorderbeine endend ein dunkeler Flecken. Die Querbinden der Schenkel sind breiter, auf der Unterseite selten gemarmelt. Dem Männchen fehlen die Schallblasen, der Vorderdaumen trägt zur Paarungszeit eine geschwärzte Anschwellung. Die Grundfarbe der Oberseite schlägt ins Braun oder Rotbraun, während die mitunter auftretenden grösseren oder kleineren Flecken sich schwärzlich abheben. Die Unterseite ist beim Männchen graulichweiss, beim Weibchen rötlich und nicht selten dunkel marmoriert. Die Hinterbeine sind beim Taufrosche kürzer als beim Teichfrosche, die Zehen derselben nur bis etwas über die Hälfte mit Schwimmhäuten versehen; die Zehen der Vorderbeine sind weniger kegelig. Der Taufrosch erscheint ungeschickter, verweichlichter und von zarterer Konstruktion als der starkknochige derbere Teichfrosch.

In neuerer Zeit hat man den Taufrosch wegen verschiedener allerdings sehr voneinander abweichender Körperformen in drei Arten geteilt, zugleich aber auch die Gebiete bezeichnet, in denen die eine oder andere Art ihre grössere Verbreitung hat. Ähnliche, jedenfalls durch klimatische und andere Verhältnisse hervorgerufene Verschiedenheiten kommen aber bei den meisten Amphibien und Reptilien vor, ohne dass deshalb eine besondere Specialisierung stattgefunden hätte. Im vorliegenden Falle ist die Einteilung in drei Arten auch noch besonders dadurch erschwert oder unmöglich gemacht, dass, so verschieden gestaltet die einzelnen Exemplare in ihren Extremen auch sein mögen, die Grenzen der häufigen und vielseitigen Übergangsformen wegen nicht mit Genauigkeit gezogen werden können. Einzelne Exemplare z. B. vereinigen in sich eine Anzahl wichtiger Unterscheidungsmerkmale, nach welchen sie mit Recht jeder der drei projektierten Unterabteilungen zugeteilt werden könnten. In anderen Fällen ist der Übergang so allmählich und so unbestimmt, dass der Zweck einer Specialisierung überhaupt verloren geht. So lange die Kenntnis der Amphibien und Reptilien nicht mehr verallgemeinert ist als heutzutage, sollte man mehr auf Vereinfachung dringen und alle nicht unbedingt nötigen Komplizierungen vermeiden.

Der Taufrosch kommt bereits im März zum Vorscheine und ist der erste unter seinen Verwandten, welcher mit der Paarung beginnt. Dieselbe findet zwar im Wasser statt, das Männchen umschlingt aber das Weibchen schon auf dem Wege dahin, oder geht auch mit diesem wieder an das Land, wo es sich tagelang von dem Weibchen umhertragen lässt. Überhaupt scheint der Taufrosch besonders brünstig zu sein, da es gar nicht zu den Ausnahmen gehört, dass man ihn in zärtlicher Umarmung mit einer Kröte trifft.

Die befruchteten Eier des Taufrosches sinken zu Boden, saugen sich voll Wasser und steigen als formlose Klumpen zur Oberfläche. Jedes einzelne Ei ist von einer schleimigen, wasserhellen Masse eingehüllt und erscheint kugelrund und für sich selbständig; in Wahrheit sind die Eier aber durch den sie umgebenden Schleim fest miteinander verbunden und es hält schwer sie zu trennen. Nach zehn bis zwölf Tagen kann man die Bewegungen der Larve wahrnehmen; drei bis vier Tage später kriecht sie aus, bleibt aber an dem Laiche hängen, von dem sie sich noch zu nähren scheint, oder schwimmt wenigstens nicht weit von ihm fort. In circa drei Monaten, also Ende Juni, hat das kleine Fröschchen die verschiedenen Stadien seiner Entwickelung durchgemacht und verlässt nun, in Schaaren vereint, als überaus zartes Geschöpf das Wasser. Es geschieht dies in der Regel an einem Regentage und erklärt so zur Genüge die Sage vom „Froschregen“.

Im Winter verbirgt sich der Taufrosch in Erdhöhlen, hohlen Bäumen, unter Ackerschollen u. dergl. Er ist überhaupt gegen Kälte mehr abgehärtet als alle seine Klassenverwandten und tummelt sich deshalb im zeitigsten Frühjahre lustig zwischen und unter den Eisschollen umher.

In Bezug auf seine Nahrung ist er ebensowenig wählerisch, als der Teichfrosch. Er frisst ebenso wie dieser die Jungen seiner eigenen Gattung und würde es dem Teichfrosche in seinen kühnen Räubereien gleichthun, wenn er dieselben körperlichen Anlagen dazu besässe.

Erwähnt sei noch, dass die festen Hinterschenkel beider Froscharten als Leckerbissen gelten und in manchen Gegenden (z. B. am Rhein) einen einträglichen Handelsartikel bilden. Höchst bedauerlich ist dabei der Umstand, dass man die der Hinterschenkel beraubten Tiere wieder in den Teich wirft in der irrigen Meinung, die fehlenden Gliedmaſsen würden sich wieder ergänzen.

Knoblauchkröte *(Pelobates fuscus)*.

Unter der Bezeichnung Krötenfrösche (*Pelobates*) versteht man eine Gruppe von Froschlurchen, welche in vielen Beziehungen Ähnlichkeit mit den Kröten haben und gewissermaſsen die Übergangsformen von letzteren zu den Fröschen bilden. In Deutschland ist diese Gruppe durch drei Arten vertreten, die ich hier und in Folgendem näher beschreiben werde.

Die Knoblauchkröte verdankt ihren Namen dem knoblauchartigen Geruche, den sie, beunruhigt, verbreiten soll. Nach einzelnen Forschern soll der Geruch, oder besser Gestank, so gross sein, dass man das Tier leichter mit der

Nase als mit dem Auge entdecke. Von alledem habe ich bis jetzt nichts gemerkt. Heute, am 16. April, habe ich etwa ein Dutzend Pärchen, von denen ich den Laich gewinnen will, in der Hand gehabt, ohne nur einen schwachen Geruch wahrzunehmen; auch früher schon und zu anderer Jahreszeit habe ich auf diesen Umstand geachtet, ohne den Knoblauchgeruch bestätigen zu können. Möglicherweise ist unser Tier wegen seines Aufenthaltes unter knoblauch- oder zwiebelartigen Pflanzen in diesen üblen „Geruch" gekommen.

Der Kopf ist nach vorn zu etwas oval und zeigt in seinem hinteren Teile eine zwischen den Augen beginnende und nach hinten deutlicher werdende wulstige Erhöhung. Der Oberkiefer steht an der Schnauzenspitze etwas vor und zeigt eine stumpfspitzige Anschwellung. Das Trommelfell ist nicht sichtbar. Der Körper ist breit und plump, an der Unterseite platt, auf dem Rücken bisweilen mit wenig bemerkbaren flachen runden Erhöhungen bedeckt. Die Vorderbeine sind im Verhältnis zu den hinteren sehr kurz und mit vier vollkommen freien Zehen versehen, deren dritte die übrigen unter sich ziemlich gleich grossen überragt. Die fünf Zehen der Hinterfüsse sind bis an die Spitze mit Schwimmhäuten versehen; die erste bis dritte Zehe nimmt an Grösse gleichmässig zu, die vierte ist besonders beim Weibchen bedeutend grösser, die fünfte entspricht der dritten Zehe. In der Gegend der Daumenwurzel befindet sich an der Ferse der Hinterfüsse eine zum Teil scharf hervortretende länglichrunde Hornscheibe von gelblichweisser Färbung, die auch schon an den grösseren Larven bemerkbar wird. Die Männchen unterscheiden sich während der Begattungszeit durch eine an der Rückseite der Vorderbeine, ziemlich an deren Basis, gelegene längliche Drüse, die bei Druck eine helle Flüssigkeit von sich giebt.

Beim Erscheinen des Tieres im Frühjahre ist die Fleckenzeichnung kaum zu erkennen, es erscheint dunkelgrau oder rötlich. Durch den Einfluss der Luft hellen sich die Farben bald auf; auf hellgrauem oder sogar weisslichem

Grunde treten kastanienbraune Flecken auf, die durch Zusammenfliessen sich zu Streifen oder grösseren Gruppen vereinen. Der hintere Teil des Rückens zeigt in der Regel einen schmalen durch die Grundfarbe gebildeten Streifen, der sich ausnahmsweise bis zum Hinterkopfe fortsetzt. Zu beiden Seiten dieses Streifens reihen sich die erwähnten dunkelen Flecke an, die nach den Seiten zu unregelmässig auslaufen und inselartig aneinander stossen. Diese fast bei jedem Exemplare verchiedenere Zeichnung hat zu Verwechselungen mit der Wechselkröte (*Bufo variabilis*) geführt, und es ist anzunehmen, dass aus diesem Grunde in der herpetologischen Litteratur mancher Irrtum in Bezug auf die naturgeschichtlichen Daten beider Tiere vorhanden ist.

Die Paarung beginnt schon anfangs April. Das Männchen umfasst das Weibchen dicht über den Hinterschenkeln. Die Eier treten nicht in einer einzelnen Schnure hervor, sie kommen vielmehr in kurzen, dicken, zusammenhängenden Trauben zum Vorscheine und werden von dem Männchen meistens um faulende Pflanzenüberreste geschlungen oder fallen zu Boden und mengen sich mit allerlei dort vorhandenen Stoffen, sodass man nur selten den Laich ganz rein auffindet. Im günstigen Falle haben die Jungen im September die Metamorphose bestanden; nicht selten aber liegen die Verhältnisse so ungünstig, dass die Brut im Larvenzustande überwintern muss.

Die Knoblauchkröte erreicht die Grösse eines mässig grossen Frosches; die Weibchen werden etwas grösser als die Männchen. Die junge Brut hingegen übertrifft sowol als Kaulquappe wie auch nach eben vollendeter Verwandelung an Grösse sogar die Nachkommenschaft des Teichfrosches. Kaulquappen von 10 cm Länge sind noch normal; die noch mit einem Schwänzchen bekleideten Jungen sind ein- und einhalbmal so gross als ein einjähriger Teichfrosch.

Unser Tier gehört entschieden zu den Nachttieren; es ist in Deutschland nicht überall häufig, und wo dies der Fall, ist es doch ausser der Laichzeit schwer aufzufinden.

Die Knoblauchkröte unternimmt nachts grössere Wanderungen und kehrt nicht wieder ins vorherige Quartier zurück, sondern vergräbt sich mit eintretender Morgenröte an der Stelle, wo sie sich eben befindet, in der Weise, dass sie mit den Fersen den Boden aufkratzt und zur Seite schiebt und nach und nach in kurzer Zeit rückwärts in der Erde verschwindet, wobei sie gleichzeitig die Erde über sich bringt und das Loch ausfüllt.

Unke (*Bombinator igneus*).

Die Unke oder Feuerkröte ist für manchen Hasenfuss der Inbegriff des Schauerlichen oder Mystischen, zumal da das diesen unheimlichen Namen tragende Tier höchstens von einem Prozente der gesamten Menschheit gekannt ist. Das zierliche Tierchen entspricht aber durchaus nicht den abergläubischen Vorstellungen, die man sich von demselben macht. Nicht viel grösser als unser wohlbekannter Laubfrosch kann es als Zierde für das Aquarium empfohlen werden und wird schwerlich den geringsten Schaden verursachen.

Je nach der Bodenbeschaffenheit des betreffenden Teiches oder der Lache, in der sich die Unke aufhält, erscheint sie entweder in hellgrauem (Thonboden), ölbraunem oder schwärzlichem (Moorboden) Kolorit. Auf dieser Grundfarbe der Oberseite treten etwa ein Dutzend unregelmässig verteilte, dunkeler gefärbte, runde, erhabene Drüsen auf. Eine Masse kleiner schwarzer, mit blossen Augen kaum unterscheidbarer Punkte übersäen den ganzen oberen Teil des Tieres vom Kopfe bis auf die Beine. Der schwarzblaue oder graubraune Untergrund der Bauchseite ist mit prachtvollen orangegelben Flecken bedeckt.

Der Körper erscheint breit und flach, der Kopf klein und nach vorn verrundet, in selteneren Fällen auch stumpfspitzig zulaufend; das Trommelfell ist nicht sichtbar; Schallblasen sind nicht vorhanden. Die Vorderbeine sind sehr kurz, die Hinterbeine länger als der übrige Körper. Die vier nicht mit Schwimmhäuten versehenen Zehen der ersteren nehmen vom Daumen bis zur dritten Zehe gleichmässig an Grösse zu, die vierte entspricht der zweiten. Das Männchen hat zur Paarungszeit an der inneren Seite des Unterschenkels, an der Basis des Daumens, oft auch an den zwei ersten Zehen, schwarze rauhe Anschwellungen. Die fünf Zehen der Hinterbeine sind beim Männchen bis ziemlich zur Spitze, beim Weibchen bis über die Hälfte mit Schwimmhäuten verbunden.

Die Begattungszeit fällt in den Mai und Juni. Der Laich geht in Klumpen ab und fällt zu Boden; er hat viel Ähnlichkeit mit dem der Knoblauchkröte. Nach etwa zehn Tagen verlässt die Larve das Ei; im September oder Oktober ist die kleine Unke vollkommen entwickelt und geht ans Land.

Die Unke findet sich nur in stehendem Gewässer; sie liebt pflanzenreiche kleine schlammige Tümpel. Ihr Ruf „Unk“, dem sie ihren Namen verdankt, ist zwar nur schwach, aber dennoch auf ziemliche Weite hörbar. Merkwürdigerweise kann man dem Tone nach sehr schwer beurteilen, wie weit man von dem Tiere entfernt ist. Hat man, dem Unkenrufe folgend, endlich den zehnmal näher vermuteten Tümpel erreicht, so täuscht man sich wieder in umgekehrter Weise; es klingt als ob das vielleicht nur zwei Meter nahe Tier noch zwanzig Schritt weit entfernt wäre.

Bei Annäherung irgend welcher vermeintlichen Gefahr fährt die Unke sehr behende unter Wasser und verbirgt sich nach Art des Teichfrosches in den Schlamm, wartet hier ein Weilchen, bis sie die Gefahr vorüberwähnt und steigt dann langsam nach der Oberfläche, wo sie, nur mit der „Nasenspitze“ zwischen einigen Wasserpflanzen hervorlugend, die Umgebung scharf mustert, ehe sie ihre eintönige Gesangesübung wieder beginnt. Auf dem Lande überrascht, spielt sie vor Schreck oder List „den toten Mann“; sie legt sich entweder bewegungslos mit angezogenen Beinen auf den Rücken, oder sie krümmt sich bogig zusammen und schlägt die Vorderbeine über der Halsgegend zusammen.

Die Klagen darüber, dass die Unke die Gefangenschaft nur kurze Zeit erträgt, kann ich mir leicht damit erklären, dass man sie gewöhnlich ins Aquarium steckt, wo ihr alle Gelegenheit zu einem Spaziergange auf dem Lande genommen ist und ihre Ernährung auf grosse Schwierigkeiten stösst. Ich halte meine Unken nur während der Begattungszeit im Aquarium und füttere sie dort mit Stubenfliegen, die erst einige Sekunden unter Wasser gehalten werden müssen, damit sie nicht vom Wasserspiegel auffliegen können. Später bringe ich meine Pfleglinge ins Terrarium, welches nur aus einem gewöhnlichen Kasten zu bestehen braucht; hier halten sie sich meist an feuchten Stellen auf, z. B. unter dem 2 cm erhöhten Badenapfe. Ich füttere sie im Terrarium mit Regenwürmern, die ihnen auch zuzusagen scheinen, obgleich sie fast regelmässig einige ganz unnötige kleine Turnübungen dabei ausführen. Die Unke besieht sich den ihr vorgeworfenen Regenwurm von allen Seiten und scheint zu überlegen, auf welche Weise der Angriff geschehen muss; dann zieht sie die Hinterbeine dicht an den Körper und fasst den Regenwurm mit kräftigem Rucke nach aufwärts an. Der Ruck ist so heftig, dass die Unke sich nach rückwärts überschlägt ohne aber den Wurm loszulassen. Das Hinunterwürgen geht ziemlich schnell; beim Schlucken schliesst sie die Augen; wenn das letzte Schwanzstück verschwunden ist, wischt sie sich mit den Vorderbeinen das Maul ab. Dieses ruckweise Aufheben des Regenwurmes lässt mit Sicherheit darauf schliessen, dass die Unke in der Freiheit das Wasser verlässt und auf Regenwürmer jagt, die sie nur erbeuten kann, wenn sie dieselben mit einem Rucke aus ihren Löchern zieht.

Die Unke überwintert, wie der Taufrosch, auf dem Lande in Erdlöchern, unter Steinen, Misthaufen u. dgl.

Geburtshelferkröte (*Alytes obstetricans*).

Die Geburtshelferkröte bewohnt das mittlere Europa. Ihre eigentliche Heimat ist Frankreich (besonders häufig in der Umgebung von Paris); von hier aus ist sie nach der Schweiz und einem Teile Italiens gedrungen; sie kommt aber auch vereinzelt in Westdeutschland, insbesondere im Nassauischen und in Westfalen, vor.

Das Tier ist etwas grösser als die Unke. Der Kopf ist mehr breit als lang, der Körper plump und gedrungen. Die Ohrdrüsen sind länglich, das Trommelfell ist gross und deutlich zu erkennen. Die vier Zehen der Vorderfüsse sind frei, die fünf der Hinterfüsse bis zu einem Drittel ihrer Länge durch Schwimmhäute verbunden und von da bis zur Spitze mit einem schmalen Hautsaume besetzt. Die Rückenhaut ist mit kleinen Warzen besetzt, besonders fällt eine von den Augen zum Hinterschenkel verlaufende hellgefärbte Warzenreihe auf. Schallblase fehlt; das Tier hat dessen ungeachtet eine weit- und helltönende Stimme. Die Färbung der Oberseite ist bläulich aschgrau; die der Unterseite weisslich mit feinen schwarzen Flecken.

In Bezug auf die näheren Lebensgewohnheiten dieser Halbkröte kann ich nicht aus eigener Erfahrung sprechen, sondern nur das wiederholen, was bis jetzt als festgestellt angenommen wird.

Die Geburtshelferkröte verdankt ihren Namen der Beihülfe des Männchens beim Laichen, die darin besteht, dass das mit den Vorderbeinen um die Lenden des Weibchens geschlungene Männchen abwechselnd mit dem rechten und linken Hinterbeine die hervortretenden Eierschnüre erfasst, hervorzieht und sie sich selbst um die Hinterbeine schlingt. Nach dem Begattungsakte gräbt sich das Männchen samt den Eiern in die Erde und kommt erst nach zehn bis zwölf Tagen wieder zum Vorscheine, um sich der nun reifen Eier im Wasser zu entledigen. Die Paarung findet zweimal im Jahre statt; die zweite Brut ist jedoch meistens genötigt, den Winter im Larvenzustande zuzubringen. Ich hatte Gelegenheit, zwei mit Eiern belastete Männchen zu betrachten. Die Eier hatten die Grösse wie die vom Teichfrosche; ihre Zahl belief sich in beiden Fällen auf 30 bis 40.

Das Weibchen geht nie ins Wasser, das Männchen nur bei eben genannter Gelegenheit und auf nur ganz kurze Zeit. Beide sind echte Landtiere und bewohnen selbstgegrabene 1 bis $1^1/_2$ Meter lange unterirdische Gänge, aus denen sie des Nachts hervorkommen und sich beutesuchend herumtummeln.

Erdkröte (*Bufo vulgaris*).

Die Familie der Kröten (*Bufonidae*) hat mehr als alle anderen Tierfamilien unter der unberechtigten, rohen und unvernünftigen Verfolgungswut der unaufgeklärten Menschheit zu leiden gehabt. Die Abscheu vor den Kröten ist bei allen Völkern die gleiche und datiert aus den ältesten Zeiten; sie beschränkt sich auch nicht auf die Familie der Kröten selbst, sondern verbreitet sich über die ganze Klasse der überaus nützlichen Amphibien. Mag auch die oft hässliche Gestalt der meisten dieser Tiere im Zusammenhange mit ihren unheimlichen, öden oder moderigen Aufenthaltsorten die Abneigung gegen dieselben erklären, so erscheint es doch immer geradezu unverantwortlich, dass, nachdem die ausnahmslose Nützlichkeit mindestens der europäischen Amphibien und insbesondere der Kröten wissenschaftlich festgestellt ist, diesen Tieren nicht der Schutz gewährt wird, der jedem nützlichen Tiere zukommt. Oder was nützen beispielsweise jahrelange mühevolle Beobachtungen Einzelner, wenn das Resultat derselben nicht zu Nutzen der Gesamtheit zur Anwendung kommt. Nur der Naturforscher weiss, dass die Kröten nicht nur durchaus unschädlich, sondern dem Gärtner und dem Landmanne, und somit der Bevölkerung überhaupt, überaus nützlich sind; er behält aber seine Weisheit für sich, oder betritt mindestens nicht den richtigen Weg — Aufklärung durch die Schule — um den Landmann vor Selbstschädigung zu warnen und seine Mitmenschen gleichzeitig von einem Aberglauben zu befreien, den man im neunzehnten Jahrhunderte als eine Ironie auf unsere Bildung ansehen muss.

Die deutschen Krötenarten sind nicht schwer zu unterscheiden, obgleich auch hier eine Zeitlang Verwechselungen stattgefunden haben. Die echten Kröten unterscheiden sich von den vorherbeschriebenen Halbkröten oder Krötenfröschen durch ihre gedrungene plumpe Gestalt, kürzere Hinterbeine, zahlreiche fast den ganzen Körper bedeckende Warzen und Drüsen, vorzüglich Ohrdrüsen (Parotiden) und das gänzliche Fehlen der Zähne. Um die Krötenarten unter sich zu unterscheiden, genügt eine genaue Beschreibung der Ohrendrüsen und der Zehen der hinteren und vorderen Gliedmafsen.

Die Erdkröte ist unter den in Deutschland vertretenen drei Arten die gemeinste. Sie erreicht eine bedeutende Grösse; besonders sind es die Weibchen, welche nicht selten wahrhaft riesige Dimensionen annehmen und den grössten Teichfrosch um das Doppelte seiner Körpergrösse und -schwere übertreffen. Der Körper ist plump und dick, der Kopf von gleicher Länge und Breite, die Beine kurz, der Rücken gewölbt. Grössere Tiere nehmen sitzend einen kreisrunden Platz ein, dessen Durchmesser mehr als 15 cm betragen kann. Die Ohrdrüsen sind reichlich doppelt so lang als breit, sehr erhaben, nach aussen ziemlich geradlinig verlaufend und steil abfallend; der Aussenrand ist dunkelbraun oder schwärzlich gefärbt, die oberste Fläche der Drüsen ist mit zahlreichen Poren besetzt. Das Trommelfell, gewöhnlich von der Oberhaut bedeckt, hat kaum die halbe Augengrösse. Die vier Zehen der Vorderfüsse sind unter sich ziemlich gleich lang, nur die dritte ist etwas grösser. An den Handballen befindet sich ein etwa linsenförmiger erhabener Höcker, an der Wurzel des

Daumens ein ähnlicher aber viel schmälerer und kantig hervortretender. Beim Männchen bedecken sich zur Begattungszeit die zwei ersten Zehen mit einer schwärzlichen rauhen Haut; die Gelenke der Zehen sind von der unteren Seite mit höckerigen Warzen versehen; an den hinteren Zehen sind solche weniger bemerkbar. Die hinteren Zehen, mindestens mit halben Schwimmhäuten versehen, nehmen von der ersten bis vierten an Grösse gleichmässig zu; die fünfte ist etwas kleiner als die dritte. Die beiden Höcker an den Fersen der Hinterbeine stehen in umgekehrtem Grössenverhältnis, wie an den Vorderbeinen, namentlich tritt der an der Basis des Daumens gelegene viel schärfer hervor.

Abgesehen von dem Einflusse, den Standort und Alter auf die Färbung des Tieres ausüben, ist diese noch besonders vom Geschlechte und der Paarung abhängig. Die Erdkröte macht von allen ihren Gattungsverwandten eine Ausnahme; während diese zur Brunstzeit in düsterem, dunkeleren Gewande erscheinen, welches sie später unter dem Einflusse der Luft gegen ein helleres vertauschen, tritt unsere Erdkröte in einem lichten, ledergelben Hochzeitskleide auf, welches nach der Begattung ins Graue, Grüne oder Rötliche verdunkelt und im Laufe des Sommers sich wieder aufhellt. Bei alledem erscheinen die warzigen Erhöhungen stets dunkeler und geben dem Tiere ein gesprenkeltes Aussehen. Die Unterseite ist schmutzigweiss oder gelblich, beim Männchen gewöhnlich dunkel gefleckt.

Die echten Kröten sind sämtlich Nachttiere und Landbewohner. Die Erdkröte ist die einzige, welche sich mitunter auch am Tage zeigt, aber auch nur in tiefschattigen Winkeln. Alle bewohnen selbstgegrabene, erweiterte, oder passend vorgefundene Höhlen und verlassen diese des Nachts, um allerhand Kerbtieren und Würmern nachzustellen. Sie verbergen sich gern unter breitblätterigen, stark riechenden Pflanzen, und mag dieser Umstand jedenfalls dazu beigetragen haben, den Kröten im allgemeinen eine übelriechende Ausdünstung zuzuschreiben. Ich habe hunderte dieser Tiere von allen Sorten in der Hand gehabt, ohne genannte Untugend zu bemerken; ebensowenig habe ich durch das blosse Indiehandnehmen wahrgenommen, dass sie eine „seifenschaumartige“ Flüssigkeit von sich geben, wie dies von allen Kröten und Halbkröten behauptet wird. Allerdings kann sich das anders gestalten, wenn man das Tier schmerzhaft verletzt oder in Todesangst versetzt. — Die selbstgegrabenen Höhlen bestehen gewöhnlich nur aus einer einzigen ziemlich senkrechten Röhre, oder sind am Fusse einer Erhöhung in vertikaler Richtung angelegt. Entschieden muss ich die Erdkröte vor dem Vorwurfe in Schutz nehmen, dass sie Salatbeete u. s. w. unterwühle, man suche in solchen Fällen den Attentäter unter den Nagern (Mäuse, Erdratten, junge Maulwürfe) oder Insekten (Werre, *Gryllotalpa*).

Die Erdkröte laicht bereits im April; der Laich wird in einer Doppelschnur von 10—12 m Länge hervorgepresst und an Pflanzen und dergleichen befestigt und unter Wasser gehalten. Übrigens ist es nicht immer das Männchen allein, welches eine derartige Fürsorge für seine Nachkommen zeigt, wie folgender Fall beweist. In einem grösseren Bassin hatte ich zwei in Copula sich befindende Erdkröten; um den Laich rein zu bekommen, hatte ich alle Pflanzen entfernt, in der Mitte aber eine etwa einen Meter im Umfange haltende Steingruppe als Ruheplatz für die Kröten angebracht. Ich fand den Laich in sechs Doppelschnuren um den Fuss der Steingruppe geschlungen; das Weibchen hatte also mit Wohlbedacht und freiwillig sechsmal den Weg um die Steine gemacht; denn das viel kleinere Männchen konnte unmöglich das Weibchen hierzu genötigt haben. — Meistens stehen die Eier abwechselnd in den Schnüren, teilweise reihen sie sich aber auch perlschnurartig aneinander. In Weingeist gehärtete Eischnüre erscheinen röhrenartig; man kann die einzelnen Eier aus ihnen herausschütteln. — Die Begattung der einzelnen Pärchen dauert oft zwei bis drei Wochen, während welcher Zeit das Männchen auf dem Rücken des Weibchens sitzen bleibt und von Zeit zu Zeit ein dem Gackern der Hühner ähnliches Geräusch hören lässt. Übrigens sind die Weibchen bei allen Krötenarten weit seltener als die Männchen, deshalb erklärt es sich von selbst, dass sich oft mehrere Männchen gleichzeitig an das Weibchen hängen oder sich untereinander selbst umarmen.

Die junge Brut hält sich gemeinschaftlich zusammen und schwimmt in Scharen mit Vorliebe im Sonnenscheine; bei trüben Tagen oder nach Sonnenuntergang liegen die Larven im Schlamme der Uferränder. Ende Juni verlassen sie bei nassem Wetter in Massen das Wasser; man trifft sie dann früh und abends oft in so dichter Menge an, dass man sie auf den Wegen hundertweise zertritt und der abergläubische Landmann mit bedenklichem Kopfschütteln ob dieses „Krötenregens“ über ungünstige Ernteaussichten klagt.

Wechselkröte (*Bufo variabilis*).

Die Wechsel- oder grüne Kröte ist weniger plump als die vor- und nachbeschriebene Art. Der Kopf ist flach, mindestens ebenso breit als lang; das Trommelfell ist deutlich sichtbar, aber klein, höchstens von halber Grösse des Augapfels und liegt dicht unter dem Anfangsteile der Ohrdrüse. Letztere ist länger als bei den zwei anderen Arten, aber nur wenig erhaben, an den äusseren Seiten etwas eingebuchtet und nach hinten verschmälert, im ganzen von nierenförmiger Gestalt; auch tritt auf derselben die graue oder weisse Grundfarbe, beiderseits gleichartige Zeichnungen bildend, deutlich hervor. Die an der Kehle des Männchens befindliche Schallblase ist klein und in zwei unvollkommen geschiedene Abteilungen getrennt; das Tier giebt mittels derselben den bekannten, selbst das Geschrei des Teichfrosches übertönenden Schrillerton von sich. Der Leib ist zwar auch krötenartig dick, aber bei weitem nicht so stark als bei der Erd- und Kreuzkröte. Die erste und dritte Zehe der Vorderbeine sind von gleicher Länge und etwas grösser als die zweite und vierte. Während der Brunstzeit sind die zwei ersten Zehen beim Männchen teilweise mit einer feilenartig rauhen, schwarzen Haut bekleidet. Der an der Basis des Daumens gelegene längliche Höcker ist halb so gross, als der am Aussenrande befindliche von unregelmässig-runder Form. Die Zehen der Hinterbeine sind bis zur kleinen Hälfte durch Schwimmhäute verbunden und von da nach oben zu mit einer feinen Hautleiste versehen. Die vierte Zehe ist noch einmal so lang als die übrigen, die fünfte etwas kürzer als die dritte. Der an der Innenseite der Ferse stehende Höcker ist länglich und zum Teil kantig hervortretend, der ihm gegenüberliegende kleiner und nur wenig erhöht. Die Unterseite der Zehen aller vier Füsse haben in den Gelenken warzige Anschwellungen.

Die Grundfarbe der Oberseite ist im zeitigen Frühjahre schmutziggrau und wird von zahlreichen dunkelgrünen Flecken ziemlich verdeckt. Letztere sind von unregelmässiger Form, erscheinen aber auf den Schenkeln der Beine bindenartig. Die oberen Augenlider sind bei jedem einzelnen Exemplare in der Regel egal gezeichnet, ebenso die Ohrdrüsen; nur entsteht bei letzteren die Zeichnung durch das Hervorscheinen der Grundfarbe, während sie bei den Augenlidern durch die erwähnten grünen Flecke zustande kommt. Die Bauchseite ist schmutzigweiss oder gelblich, mitunter, beim Männchen mehr als beim Weibchen, spärlich punktiert. Mit der wärmeren Jahreszeit, wenn die Tiere das Wasser verlassen haben, verwandelt sich das Dunkelgrün in Grasgrün und das Grau der Grundfarbe geht in Weiss über; dadurch erhält das Tier ein ganz anderes Ansehen und hat vielleicht dieses Farbenwechsels wegen den Namen Wechselkröte erhalten.

Die Paarung findet im April fast gleichzeitig mit der der Erdkröte statt. Die Eier stehen in den Laichschnüren zu dreien oder vieren. Die Larven kriechen je nach den

Witterungsverhältnissen in der ersten Woche aus und verlieren ihre äusseren Kiemen bereits in den ersten drei Tagen. Die Kaulquappen werden nicht so gross wie die vom Teichfrosche, haben aber mit diesen viel Ähnlichkeit. Im Laufe des Juli gehen die Jungen ans Land; man findet sie aber nur sehr spärlich, da sie nicht, wie die Brut der Erdkröte, gleichzeitig in Massen das Wasser verlassen.

Die Wechselkröte bleibt auch nach dem Laichen eine Zeitlang im Wasser, man hört die schrillen Töne des Männchens noch Ende Juni, dann begiebt sie sich aufs Land und versteckt sich tagsüber unter Steinen, in Erdhöhlen, hohlen Bäumen. Sie springt und klettert besser als irgend eine andere einheimische Kröte; hingegen gräbt sie schlecht und klettert deshalb lieber an einer senkrechten Steinwand in die Höhe, um sich in einer dortigen Ritze zu verbergen, als sich in die Erde einzuscharren.

Kreuzkröte (*Bufo calamita*).

Die Kreuz-, Sumpf- oder Reutkröte ist die hässlichste und unbeholfenste aller deutschen Kröten. Sie erscheint immer in düstern Farben, ist über den ganzen Körper, mit Ausnahme der Schnauze und der Kopfseiten, oben und unten mit dichtstehenden kleinen und dazwischenliegenden grösseren linsenförmigen Warzen bedeckt, hat sehr dicke, stämmige aber kurze Beine, mittels deren sie sich nur langsam laufend, aber nie springend fortbewegt und ist im allgemeinen von feister fast rundlicher Gestalt.

Die Ohrdrüsen sind kurz und wenig hervortretend, das Trommelfell sehr undeutlich oder fast gar nicht zu unterscheiden; dicht hinter dem Schnauzenende steht eine Gruppe körniger, hellgefärbter Warzen. Die walzigen Zehen der Vorderbeine sind mit Ausnahme der etwas längeren dritten, unter sich gleich gross und an ihren Enden mit schwarzen, hornigen Spitzen versehen. Die Zehen der Hinterbeine werden bis zur vierten gleichmässig länger; die fünfte ist etwas kleiner als die dritte. Die kaum bemerkbaren Schwimmhäute stehen nur in den Zehenwinkeln, pflanzen sich aber durch eine sehr schmale Hautkante bis zur Spitze der Zehen fort. Die dicken, plumpen Füsse der Hinter- und Vorderbeine erinnern bei älteren Exemplaren an die Klumpfüsse mancher Schildkröten. Die inneren Höcker der vorderen und hinteren Fussballen sind länglich und von gleicher Grösse, die äusseren rund und vorn etwas grösser als hinten.

Die Grundfarbe der Oberseite ist grau, hellt sich aber nie zu weiss auf; im Gegenteile erscheinen einzelne Exemplare gelblich oder rötlichbraun und noch dunkeler. Die über den ganzen Rücken zerstreuten Drüsen und Warzen sind mitunter gelblich oder rötlich und werden gewöhnlich von dunkelgrünen oder braunen Flecken eingerahmt. Eine solche Abzeichnung findet sich in der Regel auf den oberen Augenlidern. Die grünen Flecke bilden sich an den Seiten des Körpers, besonders aber an der Oberseite der Vorder- und Hinterschenkel zu länglichen quergestellten Binden aus. Als sicherstes Unterscheidungsmerkmal gilt ein schmaler, etwas vertiefter, weisslicher oder gelblicher Strich, der, zwischen den Nasenlöchern beginnend, sich auf der Rückenmitte (dem Kreuze) bis zum After fortsetzt und von dem man wahrscheinlich den Namen „Kreuzkröte" hergeleitet hat. Die untere ebenfalls über und über mit Warzen besäete Seite zeigt ein schmutziges Graugelb, mit zwischen den Warzen liegenden dunkeleren fleckigen Schattierungen.

Die Kreuzkröte gräbt in schräger Richtung verlaufende Gänge, wie sie eben ihrer Körpergrösse entsprechen; sie begnügt sich mit der einmal eingerichteten kleinen Wohnung und übt ihre Kunst im Graben nicht weiter aus. Meistens aber benutzt auch sie vorgefundene Höhlungen, insbesondere Mäuselöcher, die sie passend erweitert.

Unter allen einheimischen Kröten ist die Kreuzkröte im Frühjahre die letzte, welche zur Paarung schreitet. Dieselbe wird in der Nacht ausgeführt. Die Eier sind in einer Reihe geordnet und ziemlich gross; die sehr kleinen Larven kommen schon in den ersten fünf Tagen zum Vorscheine und entwickeln sich schneller als die aller übrigen Froschlurche.

Ihre Lebensweise weicht von der ihrer Familienangehörigen insoweit ab, als sie des Nachts auch ausserhalb der Laichzeit sich gern im Wasser aufhält. Sie wählt hierzu seichte, schlammige und bewachsene Lachen und Sümpfe und lässt dort ihre schnarrende Stimme ertönen. Dieser Gewohnheit gemäss nennt man sie auch mit Recht „Sumpfkröte“.

Zweite Ordnung.

Schwanzlurche (Urodela).

Die Ordnung der Schwanzlurche enthält überhaupt nur zwei Familien (Fischmolche, *Ichthyodea*, und Molche, *Salamandrina*) und ist in Deutschland nur in einer Familie (Molche) vertreten, die wiederum nur zwei Gattungen aufzeigt.

Eine oberflächliche Vergleichung unserer Schwanzlurche mit den Eidechsen lässt schwerlich die prinzipielle Verschiedenheit beider Tierklassen erkennen. Wahrscheinlich sind es auch die äusserlichen Formen gewesen, welche in früherer Zeit den Mafsstab für die Klassifizierung der einzelnen Tieren abgaben und unsere Schwanzlurche mit den Reptilien zusammenwarfen. Im Volksmunde bezeichnet man noch heutigen Tages die Molcharten schlechtweg mit „Eidechsen". Wie kann das auch anders sein, wenn nicht nur jede Belehrung hierüber in den niederen Volksschulen fehlt, sondern sogar die in den Volksschullesebüchern reproduzierten naturwissenschaftlichen Bruchstücke aus längst veralteten Lehrbüchern entlehnt werden.

Die Notwendigkeit der auf die Entwickelung der Reptilien und Amphibien begründeten Trennung beider Tierklassen habe ich bereits oben erwähnt. Es dürfte aber nicht überflüssig erscheinen, auch die äussere Gestalt und Körperbeschaffenheit der Froschlurche denen der Eidechse vergleichend gegenüber zu stellen.

Gemeinsam sind beiden einheimischen Tierklassen der langgestreckte, walzigrunde Schwanz, die kurzen seitlich gestellten Beine und der nur wenig eingeengte Hals. Hingegen unterscheiden sie sich sofort durch die Körperbedeckung, die bei den Schwanzlurchen in einer äusserst zarten, feuchten und drüsenreichen Haut besteht, bei den Eidechsen aber als ein fester mit Schildern und Schuppen versehener lederartiger Überzug auftritt. Die Eidechsen haben einen stets spitz zulaufenden ovalen Kopf, fünfzehige Vorderbeine, die an Grösse von den hinteren nicht unwesentlich differieren; sämtliche Zehen sind mit Krallen bekleidet; die Kloake ist quergespaltet. Der Kopf der Schwanzlurche hingegen ist flach, breit, nach vorn abgerundet; die Vorderbeine sind den hinteren an Grösse ziemlich gleich und besitzen nur vier Zehen; sämtliche Zehen sind ohne Krallen; die Kloake ist längsgespaltet. — Merkmale genug, um jede Verwechselung auszuschliessen.

Von den Froschlurchen unterscheiden sich die Schwanzlurche äusserlich durch den langgestreckten Körper, die nicht zu Sprungorganen ausgebildeten Hinterbeine und das Vorhandensein des Schwanzes.

Feuersalamander *(Salamandra maculosa).*

Der Feuersalamander oder Erdmolch hat von altersher bei verschiedenen Völkern eine gewisse Bedeutung gehabt, die auch in unserer Zeit noch nicht ganz verschwunden ist. Schon seinen Namen verdankt er dem Aberglauben, dass er, ins Feuer geworfen, dasselbe lösche. Schon die alten Römer lebten in diesem Wahne: sie gingen aber noch weiter und verstiegen sich zu den unsinnigsten Behauptungen, die merkwürdigerweise gerade von den Gelehrten ausgingen. Danach sollte z. B. der Salamander die Früchte eines Baumes vergiften, unter dem er hinwegkriecht; das von ihm berührte Holz wurde zum Backen unbrauchbar — weil es das Brod vergiftete u. s. w. Unter den Römern bestand ein Gesetz, wonach derjenige des Todes schuldig war, der einem anderen einen Teil des Tieres eingab. Später versuchten die Alchimisten dem Tiere Gold abzugewinnen, indem sie dasselbe unter allerhand lächerlichen Vorsichtsmafsregeln und mystischen Ceremonien in Schmelzöfen verkohlen liessen. Auch in der Medizin spielte das Tier eine Rolle und wurde in allen möglichen Formen als Geheim- und Heilmittel verwandt. Und heute ist es nicht viel besser geworden. Das Volk glaubt im grossen und ganzen noch dasselbe. Jeder Apotheker wird davon berichten können, dass ihm gar nicht selten allerhand Reptilien und Amphibien zum Kaufe angeboten werden, in der Meinung, dass er sie heilkräftig zu verwenden verstehe.

In neuerer Zeit hat man wiederholt den Feuersalamander auf seine Giftigkeit untersucht und gefunden, dass allerdings der von ihm gewonnene Saft kleineren Tieren, wie Fröschen oder Eidechsen, gefährlich werden kann; hingegen Hunden und Hühnern eingeimpft oder in deren Magen gebracht, nichts schadet. Es muss aber bei derartigen Versuchen daran erinnert werden, dass die Schleimabsonderung, in der das „Gift“ enthalten sein soll, erst durch die Todesangst oder mindestens durch Schmerzgefühl erpresst worden ist. Wollte man z. B. eine Parallele ziehen zwischen dem durch die Zunge ausgeschwitzten Schleime eines gemarterten Hundes und dem durch die Ausschwitzung der Haut gewonnenen Safte irgend eines auf gleiche Weise behandelten Lurches, so würde man wahrscheinlich zu der Einsicht kommen, dass der Hund „giftiger“ ist.

Der Feuersalamander erreicht eine Länge von 16 cm. Der Kopf ist breit und flach und mit grossen, nach hinten breiter werdenden Ohrdrüsen versehen. Auf der Rückenmitte verläuft eine Doppelreihe kleiner Warzen, die sich bis auf einen Teil des Schwanzes fortsetzt. Der Rumpf erscheint durch quere Einbuchtungen ringartig abgeteilt, ebenso der vordere Teil des Schwanzes. Letzterer ist rund und etwas kürzer als der Rumpf. Von den Zehen der Vorderfüsse ist die dritte die längste, an den Hinterfüssen die erste und fünfte und die dritte und vierte annähernd von gleicher Grösse.

Die Färbung ist ein tiefes Schwarz mit hochgelben anscheinend zufällig verteilten unregelmässigen Flecken. Diese Flecken haben übrigens Neigung, sich zu regelmässigen Zeichnungen auszubilden. Man findet sie z. B. auf dem Rücken in zwei regelrechten Streifen angeordnet, die mitunter erst in der Bildung begriffen, oft aber auch vollkommen sind. Ebenso finden sich ziemlich regelmässig Flecken auf den Ober- und Unterschenkeln, auf der Oberseite der Füsse, den Augenlidern, den Ohrdrüsen und auf der Schwanzwurzel. Die Kehle ist ohne Ausnahme gelb gefleckt; die Bauchseiten in den meisten Fällen schwarz oder höchstens mit spärlichen linsengrossen Tupfen besetzt.

Eigentümlicherweise ist der Entwickelungsvorgang des Erdsalamanders immer noch nicht aufgeklärt. Man hat nämlich noch nie den Begattungsakt gesehen; derselbe besteht vielleicht ausnahmsweise in einer geschlechtlichen Vereinigung, wie dies allerdings bei den übrigen Schwanzlurchen sonst nicht vorkommt. Auffällig sind folgende Umstände: Bei dem Weibchen werden zu jeder Jahreszeit fruchtreife Eier gefunden, in der Kloake auch nicht selten Samenfädchen oder -Tierchen. In der Gefangenschaft längere Zeit isoliert gehaltene Weibchen gebären trotz alledem und lassen auch dieser ersten eine zweite Geburt nachfolgen, ohne in der Zwischenzeit mit einem Männchen vereinigt gewesen zu sein; sie gebären oft gleichzeitig lebendige Larven und fruchtreife Eier, in denen man schon die Bewegungen der Larven wahrnimmt, die sehr bald auskriechen. Die Männchen sind äusserst selten und wahrscheinlich äusserlich gar nicht unterscheidbar; mindestens hat, so viel mir bekannt, noch kein Autor dessen Unterscheidungsmerkmale angegeben. Die Jungen oder die Keimlinge werden in bedeutender Anzahl geboren (30—100) und in kaltem Quellwasser abgesetzt. Nach diesen unbestrittenen Thatsachen werden nun folgende Möglichkeiten über die Paarung selbst aufgestellt: 1) Die Eier werden im Mutterleibe dadurch befruchtet, dass das Weibchen mittels der Kloake den vom Männchen im Wasser abgelegten Samen aufnimmt; 2) beide Geschlechter berühren sich mit den während der Begattungszeit geschwollenen Rändern des Afters; oder 3) es findet eine wirkliche Begattung statt. In allen drei Fällen muss jedoch vorausgesetzt werden, dass eine einmalige Befruchtung auf längere Zeit wirksam bleibt.

Ich füttere meine Erdmolche mit Regenwürmern, sichere ihnen feuchte und dunkele Versteckplätze und bringe sie den Winter über in einer halb mit Moos und Erde gefüllten Kiste im Keller unter.

Der Erdmolch ist nur in bergigen Gegenden zu finden und tritt mitunter geradezu massenhaft auf. Am Tage findet man ihn nur bei Regenwetter; hingegen ist er in frühen Morgen- und späten Abendstunden häufig anzutreffen. Über das Wachstum dieser Tiere lässt sich nichts bestimmtes angeben, weil man nur sehr selten junge Tiere antrifft, an denen man das Alter wenigstens jahrgangsweise feststellen könnte.

In den Alpen wird unser Erdsalamander von dem Mohrensalamander (*Salamandra atra*) vertreten. Derselbe ist tief schwarz, ungefleckt und bleibt an Grösse etwas hinter dem ersteren zurück.

Kammmolch (*Triton cristatus*).

Die Tritonen bilden unter den Schwanzlurchen eine für sich abgeschlossene Gruppe, die, wenigstens was unsere nachstehend beschriebenen deutschen Arten betrifft, unter sich in ihrer Lebensweise, ihrer Entwickelung und ihrem sonstigen Verhalten eine solche Übereinstimmung zeigen, dass es, um Wiederholungen zu vermeiden, genügen wird, wenn ich hier einen Gesamtüberblick gebe.

Die Tritonen sind Landtiere, die nur insofern vom Wasser abhängig sind, als sie wie die grosse Mehrzahl ihrer Klassenverwandten, ihre erste Entwickelung im Wasser durchmachen und alljährlich zur Begattung dahin zurückkehren. Das einzelne Tier bleibt zu diesem Zwecke etwa nur drei Monate im Wasser; der ersten Hälfte dieser Zeit bedarf das Weibchen zur Heranbildung der Eier, das Männchen zur Anschaffung seines Hochzeitskleides. Es giebt unter den Amphibien keine zweite Art, welche in ähnlicher Weise, wie die Tritonen, nicht nur in Bezug auf

Farbenwechsel, sondern vorzüglich durch Umbildung einzelner Körperteile zur Begattungszeit ein ganz aussergewöhnliches Aussehen erhalten. Besonders sind es die Männchen, welche durch Farbenreichtum, hohe, zackige oder gelappte, oder auch ganzrandige Hautsäume auf dem Rücken bez. an den hinteren Zehen, sowie durch die dickangeschwollene Kloake sich auszeichnen. Nach der Paarung bleiben die Tritonen noch so lange im Wasser, bis sich die eben beschriebenen geschlechtlichen Wucherungen zurückgebildet haben; sie leben fortan auf dem Lande an feuchten Orten, unter Steinen, in Kellern, Brunnen, unter Schutthaufen u. s. w. und nähren sich von allerhand Würmern und Schnecken. Selbst während des Wasserlebens verlassen sie doch abends oder noch mehr früh dasselbe, um nach Beute auszuschauen. Der Nahrungsverbrauch ist im Sommer oder Herbste nur ein geringer, im Wasser während der Begattungszeit hingegen ein grosser; in dieser Zeit fressen die grösseren Tiere die kleineren ihrer eigenen Art; selbst kleine Gehäusschnecken wissen sie aus ihrem Gehäuse herauszuziehen.

Man findet die Tritonen bereits im März in ruhigfliessenden oder stehenden Gewässern; sie halten sich pärchenweise zusammen, das Weibchen schwimmt gewöhnlich etwas vorweg; die Männchen sind sehr eifersüchtig und traktieren sich mit Bissen. Die Begattungszeit ist ziemlich lang; ich fand vom April bis Juni trächtige Weibchen. Wahrscheinlich ist die Temperatur des Wassers sowol auf die Begattung wie auf die spätere Entwickelung der Eier von bedeutendem Einflusse; beispielsweise fand ich in einem Wassergraben, der teilweise durch das zufliessende warme Wasser einer Dampfmaschine gespeist wurde, bereits am 17. Juni Larven vom Gartenmolche (*Tr. taeniatus*) mit wohlentwickelten vier Beinen.

Die Eier werden einzeln abgelegt. Das Weibchen drückt mit den Hinterbeinen das Blatt einer Wasserpflanze muldenartig zusammen, legt ein einzelnes Ei in die so entstandene Höhlung und klebt das Blatt mit einem aus der

Kloake abgesonderten Schleime zusammen. Die Entwickelung beansprucht eine geraume Zeit; in der Regel überwintern die jungen Tiere noch im Larvenzustande im Wasser und haben nicht selten im nächsten Frühjahre die Kiemen noch nicht abgelegt. In der Gefangenschaft bringen die Tritonen die Eier unter Umständen, z. B. wenn das Behälter ohne Pflanzen ist oder die Tiere durch Übervölkerung beunruhigt werden, in dicken kurzen Schnüren zu Tage.

Die Tiere schwimmen ausgezeichnet und wissen sich ziemlich geschickt etwaigen Nachstellungen zu entziehen. Bei klarem Wasser sind sie bei einiger Übung leicht mit dem Netze zu fangen, wenn man jede heftige Bewegung vermeidet und das Netz so hält, dass womöglich das Tier freiwillig hineingeht. Eine andere Fangweise besteht darin, dass man das Tier mit dem bereit gehaltenen Netze in dem Augenblicke abfängt, wo es, um neue Luft einzuatmen, was etwa in 5—10 Minuten langen Zwischenpausen geschieht, an die Oberfläche des Wassers steigt. Der Kammmolch und der ihm nahestehende Bergmolch (*Tr. alpestris*) können auch geangelt werden, was besonders bei hohen unzugänglichen Uferrändern sehr praktisch ist. Als Angel benutzt man einen dünnen, an eine Rute gebundenen Hanffaden; der Kiel wird durch ein Stückchen Holz dargestellt; das letzte Ende des Fadens an welchem ein mässig grosser Regenwurm gebunden wird, muss den Grund berühren; ein Angelhaken kommt nicht in Anwendung. Man wartet nun, nachdem der Kiel durch seine Bewegungen die Wirkung des Köders angezeigt, bis dieser verschlungen ist (etwa zwei Minuten) und hebt die Angel schnell aber ohne ruckweises Anziehen heraus. Wenn man mehrere dergleichen leicht herzustellende Angeln wirken lässt, so wird der Fang um so reichlicher ausfallen.

Im Frühjahre häuten sich die Tritonen in sehr kurzen Zwischenräumen (von drei zu drei Tagen). Die abgezogene Haut, bei der die Innenseite nach aussen gekehrt ist, hat in der Augengegend zwei Löcher ist aber sonst ganz; selbst die feinen Zehen und die äusserste Schwanzspitze sind deutlich und unverletzt. Bei der Leichtigkeit dieser Haut wird sie sehr leicht im Wasser hin- und herbewegt, von den Tieren für etwas Fressbares gehalten und verschlungen. Sie hängt später unverdaut dem Tiere tagelang aus dem After und spottet oft jeder Bemühung desselben, sich ihrer zu entledigen.

Will man die Entwickelung der Tritonen im Aquarium beobachten, so ist auf folgendes zu achten: das Behälter wird reichlich mit Wasserpflanzen versehen, der Boden mit ausgewaschenen Steinchen bedeckt, um das Aufwühlen des Schlammes zu verhüten, und in der Mitte ein leicht zu besteigendes, über den Wasserspiegel hervorragendes Ruheplätzchen angelegt. Der Rand des Aquariums muss durch einen nach innen überstehenden breiten Blech- oder Pappstreifen verbreitert werden, weil die Tritonen an den Glaswänden in die Höhe steigen; man kann auch die Öffnung durch Gaze verschliessen. Als Zuchttiere nimmt man nur eine dem Raume entsprechende geringe Anzahl Pärchen von gleicher Art, die man sich im zeitigen Frühjahre verschafft, um sie vorerst an die Gefangenschaft zu gewöhnen. Andere Tiere, besonders Fische, dürfen nicht in den gleichen Raum gebracht werden. Nach dem Ablegen der Eier nimmt man die Tiere heraus und sorgt in Zukunft dafür, dass das Aquarium nicht gedreht oder verstellt wird, oder irgend welche Erschütterung erleidet. Die ausgekrochenen Larven werden wie die der Froschlurche (S. 124 flg.) behandelt.

Die ausgebildeten jungen Tiere verlassen im Herbste, oder, wenn sie den Winter über im Larvenzustande zubringen mussten, im nächsten Frühjahre das Wasser; sie halten sich bis zur Geschlechtsreife, welche wahrscheinlich mit dem dritten, jedenfalls aber nicht vor dem zweiten Altersjahre eintritt, auf dem Lande auf — aus diesem Grunde erklärt sich das seltene Vorkommen von halbausgewachsenen Tieren.

Die Tritonen zeichnen sich besonders durch ihre erstaunliche Reproduktionsfähigkeit aus; besonders ist es der

Kammmolch, der dieser Eigenschaft wegen oft experimentell untersucht worden ist und den Beweis geliefert hat, dass er nicht nur einzelne Gliedmafsen, wie Beine und Schwanz samt ihren Knochenteilen, sondern sogar zum Teil das Auge wieder ersetzt.

Was die Unterscheidung der deutschen Arten anbelangt, so ist diese nur bei noch nicht fruchtreifen Tieren schwierig; ältere unterscheiden sich schon durch ihre Grössenverhältnisse und in der Paarungszeit durch die jeder einzelnen Art eigentümlichen körperlichen Formen. Viel schwerer ist es, die in fortwährendem Wechsel begriffenen Farben und Zeichnungen der gleichen Art zu skizzieren. Nicht nur dass die Tiere nach Geschlecht, Standort, Häutung, Alter und Jahreszeit in ihrem Kolorite verschieden sind, sie wechseln dasselbe auch je nach ihrem körperlichen oder geistigen Wohlbefinden; ja bei manchen Arten hält es schwer, unter grösseren Mengen auch nur zwei ganz gleiche Exemplare herauszufinden

In Anbetracht dieser Umstände werde ich mich deshalb nur auf die mehr oder weniger konstant bleibenden Auszeichnungen beziehen.

Der **Kammmolch** oder **grosse Wassersalamander** ist höchst selten in wenn auch nur langsam fliessenden Gewässern zu finden. Er liebt umschattete hohe Uferränder und Wasser mit weichem schlammigen Boden. Die Grundfarbe der Oberseite ist schwarz mit zahlreichen kleinen weissen Pünktchen besäet. In der Begattungszeit oder bei thonigem Wassergrunde hellt sich die Grundfarbe auf und lässt zu beiden Seiten stehende dunkle Flecke durchscheinen. Die Unterseite der Beine und der Bauch sind weissgelb, der letztere vorzüglich an den Seiten mit vereinzelten schwarzen Flecken bedeckt.

Zur Begattungszeit besitzt das Männchen einen hohen schon vor dem Auge beginnenden, unregelmässig ausgeschnittenen, lappigen Rückenkamm, der an der Schwanzwurzel unterbrochen ist, sich aber am Schwanze wieder bedeutend erhöht und dem letzteren dadurch eine Lanzettform giebt, die fast bei allen Tritonenarten zur Begattungszeit dem Männchen eigen ist. Der Schwanz zeichnet sich noch durch einen an den Seiten des hinteren Schwanzteiles verlaufenden perlmutterartig glänzenden Streifen aus. — Das Weibchen besitzt an Stelle des Rückenkammes eine Furche, welche zur Paarungszeit über der Schwanzwurzel durch einen vorstehenden Hautsaum ausgefüllt ist, der sich gleichzeitig auf der oberen Kante des Schwanzes fortsetzt. Der letztere wird unten von einem gelben Streifen eingefasst, der sich bis zur äussersten Spitze hinzieht. Die Kloake ist beim Weibchen weniger angeschwollen und in der Regel von gelber Farbe; überhaupt erscheint die Bauchseite beim weiblichen Geschlechte gelber, und der Rücken schwärzlicher als beim Männchen.

Der Kammmolch ist der grösste unter den deutschen Tritonenarten; ausgewachsen misst er etwa 16—18 cm. Er bleibt nach der Paarungszeit, gleich seinem nächsten Verwandten, dem nachstehend beschriebenen Bergmolch (*Tr. alpestris*), noch längere Zeit im Wasser, verlässt dasselbe auch nur nach und nach, indem er zeitweilig wieder zu demselben zurückkehrt, bis er sich vollständig an das Landleben gewöhnt hat. In der Gefangenschaft muss man ihm ausser der Begattungszeit Gelegenheit geben, an das Land gehen zu können. Im Winter begnügt er sich mit irgend einem feuchten dunkelen vor Frost geschützten Plätzchen; er kommt auch, wie alle hier beschriebenen Schwanzlurche während des Winters zum Vorscheine, wenn das betr. Terrarium im geheizten Zimmer gehalten wird.

Bergmolch (*Triton alpestris*).

Der Bergmolch ist etwa ein Dritteil kleiner als der vorbeschriebene; er hat einen verhältnismässig breiten Kopf, kurzen dicken Hals und gedrungenen Körperbau.

Der Schwanz ist über der Kloake gerundet, von hier aus nach rückwärts ruderartig zusammengedrückt.

Die Grundfarbe der Oberseite ist schieferschwarz; in der Begattungszeit treten jedoch netz- oder maschenartig zerstreute dunkelere Konturen hindurch, die später, nach dem Verlassen des Wassers, wieder verschwinden. Die Bauchseite ist schön orangerot oder safrangelb und wird durch keine Flecken unterbrochen.

In der Begattungszeit erhebt sich beim Männchen ein hinter dem Kopfe beginnender, gleichmässig hoher Rückenkamm, der sich ohne Unterbrechung bis auf den Schwanz fortsetzt und sich in dessen oft unregelmässig gewellten Flossensaum verliert. Dieser Rückenkamm ist, regelmässig abwechselnd, hell und dunkel gefärbt und erscheint wie eine Schnure gelber und schwarzer Perlen. An den Seiten befinden sich mehrere Punktreihen auf hellerem Grunde, die nach dem Bauche zu gewöhnlich durch einen mehr oder weniger hervortretenden bläulichen Streifen begrenzt sind. Die erwähnten ziemlich Hirsekorn grossen Punkte treten am Halse am deutlichsten hervor und umziehen von hier aus beide Lippenränder. Die Kehle ist ohne Hautfalte und hat die Farbe des Bauches; die Kloake ist an den Aussenseiten mit gleichen dunkelen Punkten besetzt, wie sie sich, nur etwas kleiner, an den Vorder- und Hinterfüssen vorfinden. Vom After nach dem Schwanze zu zeigt sich in der Regel eine gelbliche Färbung.

Das Weibchen erscheint in etwas hellerer Grundfarbe; die Oberseite fällt mehr ins Braune. Dadurch, dass der hellere Untergrund an den Bauchseiten mit der Grundfarbe weniger kontrastiert, erscheinen die auf demselben befindlichen Punktreihen schwächer hervortretend und sind ausserdem viel kleiner als beim Männchen, auch stossen sie direkt an das Gelb der Unterseite, ohne, wie beim männlichen Geschlechte, von einem bläulichen Längsstreifen begrenzt zu sein. Die Kehle ist gewöhnlich punktiert; hingegen fehlen die beim Männchen an den Beinen, bez. der Kloake so zahlreich vorhandenen Punkte meist ganz oder sind nur sehr spärlich vorhanden. Die Unterseite ist mehr gelblich und steigert sich erst vom After nach der Schwanzspitze zu einem lebhaften Orange. Der Schwanz ist um ein weniges länger, aber nicht so breit als beim Männchen. An Stelle des Rückenkammes zeigt sich eine den Rücken entlang ziehende nur wenig vertiefte Furche.

Der Bergmolch ist weniger häufig als der Kammmolch und hält sich ausschliesslich nur in bergigen Gegenden auf. Ich fand ihn bisher nur in Gewässern mit steinigem Grunde und eben solchen Uferrändern. Die Laichzeit beginnt im zeitigsten Frühjahre; doch habe ich noch Ende Mai trächtige Weibchen gefunden.

In seinen sonstigen Lebensgewohnheiten gleicht unser Bergmolch vollkommen dem Kammmolche; ich kann noch hinzufügen, dass, wo ersterer angetroffen wird, auch der andere nicht fehlt — nur ist dies nicht umgekehrt der Fall.

Gartenmolch *(Triton taeniatus)*.

Der Gartenmolch, auch Streifenmolch oder kleiner Wassermolch genannt, ist der kleinste unter den deutschen Tritonen; er erreicht die Länge von 7 cm, selten etwas darüber, und ist von schmächtiger, zierlicher Gestalt. Der Kopf ist mehr lang als breit, nach dem Maule zu stumpfspitzig ablaufend. Der Rumpf erscheint walzig, beim Weibchen in der Mitte etwas verdickt; der Schwanz ist bei den am Lande lebenden Tieren rund und läuft in einer dünnen langgezogenen Spitze aus.

Die Grundfarbe der Oberseite ist meist bräunlich oder olivengrün; sie neigt sich aber auch ins Gelbe oder ins Hellgraue. An den Seiten hellt sich die Grundfarbe zu einem Weissgelb auf und erscheint, besonders wenn das Weiss die Oberhand gewinnt, perlmutterglänzend. Die untere Seite ist orangegelb.

Selbstverständlich ist der Standort und die Lebensweise des Tieres nicht ohne Einfluss auf dessen Färbung und Zeichnung. So z. B. lassen sich die beiden Geschlechter bei längerem Landleben nach ihrer Zeichnung kaum voneinander unterscheiden, während sie im Wasser in der Begattungszeit geradezu kontrastieren, auch wenn man von den sonstigen Unterschieden absieht.

Das Männchen zeigt im Hochzeitskleide einen in der Nackengegend beginnenden, nach rückwärts höher werdenden, gezackten oder nur gewölbten Hautkamm, der sich ohne Unterbrechung auf dem Schwanze fortsetzt, welcher an seiner unteren Seite ebenfalls mit einem dem Rückenkamme ganz ähnlichen Hautsaume versehen ist. Auch die Zehen der Hinterfüsse zeigen einen lappigen Saum. Am Kopfe befinden sich vier schmale aus kleinen Punkten zusammengesetzte Striche, die an der Schnauzenspitze beginnen und sich bis an den Hinterkopf fortsetzen; die beiden äusseren Striche ziehen durch das Auge, die beiden inneren verlaufen über dem oberen Augenlide. Das ganze Tier ist mit unregelmässig zerstreuten Punkten besäet, die an den Seiten grösser werden und am Bauche spärlicher auftreten; an der Basis des Rückenkammes vereinigen sie sich in der Regel zu einer geordneten Reihe. Der sehr breite Schwanz zeigt in seiner Mitte einen nach rückwärts sich zuspitzenden hellbläulichen Streifen.

Das hochzeitliche Weibchen hat statt des Rückenkammes eine kaum bemerkliche niedere Hautfalte. Der Schwanz ist weniger breit und besitzt nur einen schmalen Hautsaum. Eine schmale Hautkante an den Hinterfüssen fehlt gänzlich. Statt der vier am Kopfe des Männchens befindlichen Striche sind bei dem Weibchen nur die zwei äussersten deutlich sichtbar; sie erscheinen aber nicht punktiert sondern wellenförmig. Die Rückenmitte zeigt gewöhnlich einen hellen Untergrund mit ganz fein gekörnten dunkeleren Konturen, die nach den Seiten zu je durch einen tiefbraunen welligen Streifen ihren Abschluss finden. Das Orange der Unterseite zeigt sich mehr verblasst. Hauptsächlich aber fehlen dem Weibchen die das Männchen schmückenden und bei ihm so zahlreich auftretenden Punkte meist ganz.

Obgleich die eigentliche Laichzeit erst in den Mai fällt, findet man den Gartenmolch oft schon Ende Februar im Wasser, wenn dieses um diese Zeit offene eisfreie Stellen zeigt. Nichtsdestoweniger giebt es noch im Juni trächtige Weibchen, ein Umstand, nach welchem man wohl mit Recht dem Gartenmolche die längste Laichzeit von allen deutschen Tritonen zusprechen darf. Er verlässt aber auch zeitiger als seine Verwandten das Wasser und tritt spätestens in der zweiten Hälfte des August das Landleben an. Das Legen der Eier geschieht ganz konform dem des Kamm- und Bergmolches; nur bedürfen die Larven weniger Zeit zur Ausbildung und haben gewöhnlich in der letzten Hälfte des September das Wasser verlassen.

Will man den Gartenmolch im Aquarium beobachten, wozu er sich während der Begattungszeit vortrefflich eignet, so benutzt man nur im Wasser gefangene und im Wasser transportierte Tiere, weil dieselben am ehesten sich an das neue Quartier gewöhnen. Solche Exemplare, die dem Wasser, wenn auch nur auf kurze Zeit, unfreiwillig entfremdet sind, oder noch keine Bekanntschaft mit demselben gemacht haben, klettern geschickt an den senkrechten Glasscheiben des Aquariums in die Höhe, und wenn ihnen auch wegen der S. 166 beschriebenen Vorrichtung die Flucht nicht gelingt, so zeigt doch das Betragen der Tiere, dass sie sich nicht heimisch fühlen. Auch nach der Begattungszeit äussern sie auf dieselbe Weise den Wunsch, aufs Trockene zu kommen; gelingt ihnen dies nicht, so verbergen sie sich in einer über der Wasserfläche befindlichen Spalte des Tropfsteins und bleiben für längere Zeit verschwunden, bis man sie zufällig, z. B. beim Reinigen des Aquariums, wiederfindet — aber in welcher Gestalt! Das Tier ist thatsächlich zum Skelette geworden und besteht nur noch aus Haut und Knochen; der Rumpf ist etwa von der Stärke einer Stricknadel, und es ist kaum begreiflich, wie in diesem lebenden Gerippe irgend welche Cirkulation stattfinden kann.

Bringt man die Gartenmolche bald nach der Paarung im Terrarium unter, so halten sie sich selbst während des Winters sehr gut. Man füttert sie mit Regenwürmern, die sie auch in der kalten Jahreszeit zu sich nehmen, wenn das Terrarium in einem geheizten Raume sich befindet.

Leistenmolch (*Triton helveticus*).

Dieser Molch ist mit dem eben beschriebenen Gartenmolch, mit dem er ausserhalb der Begattungszeit viel Ähnlichkeit hat, oft verwechselt worden. Seine eigentliche Heimat ist Frankreich, wo er bei Paris sehr häufig sein soll; in Deutschland ist er bis jetzt nur vereinzelt in Würtemberg gefunden worden.

Die Grösse des Tieres entspricht ungefähr der des Bergmolches (8 bis 9 cm), doch ist die Gestalt schmächtiger und der Kopf weniger breit. Die zwei kantig hervortretenden zu beiden Seiten des Rückens verlaufenden leistenartigen Längslinien haben dem Tiere jedenfalls zu seinem Namen verholfen. Eine ebenso charakteristische Auszeichnung bildet eine fadenartige Verlängerung des abgestutzten oder etwas ausgerundeten Schwanzendes, die, beim Männchen gewöhnlich grösser als beim Weibchen, in der Paarungszeit am längsten ist.

Die Grundfarbe der Oberseite ist ein vielfach mit dunkelen Punkten oder Strichen bedecktes, mehr oder weniger ins Gelbe geneigtes Braun. Die Unterseite zeigt ein mattes Orange.

Das hochzeitliche Männchen trägt anstatt des Rückenkammes eine niedrige Hautleiste, die auf dem Schwanze flossenartig sich erhebt und sehr hell und durchscheinend ist. Zwischen den Zehen der Hinterfüsse befinden sich tief ausgeschnittene Schwimmhäute. Die beim Männchen des Gartenmolches sehr deutlichen Kopfbinden erscheinen hier mit Ausnahme der beiden durch die Augen ziehenden mehr verwischt; auch sind die zahlreichen dunkelen Punkte beim Leistenmolche bedeutend kleiner und unregelmässiger verstreut oder zusammenfliessend. Der Bauch und die Kehle sind ganz oder wenigstens in ihrer Mitte ungefleckt.

Das Weibchen unterscheidet sich vom Männchen durch einen längeren und dickeren Leib, grösseren, plumperen Kopf, durch das Fehlen der Schwimmhäute an den Zehen der Hinterfüsse und die geringere Höhe des Schwanzes. Die Färbung der Oberseite erscheint lichter und eintöniger; hingegen ist die untere Seite, namentlich von der Kloake nach rückwärts, lebhafter orange als beim Männchen.

Lebende Exemplare habe ich noch nicht zu beobachten Gelegenheit gehabt; doch glaube ich, dass der Leistenmolch in Bezug auf seine Lebensgewohnheiten u. s. w. von den übrigen Tritonenarten ebensowenig abweicht, wie diese unter sich selbst.

Ausser dieser die erwachsenen Tiere enthaltenden Sammlung empfehle ich noch zu deren Ergänzung eine zweite, die verschiedenen Entwickelungsstufen der betreffenden Tiere darstellende Sammlung.

In dieser befinden sich unter anderen von den lebendig gebärenden Reptilien: die stufenweise Entwickelung im Mutterleibe; das eben geborene Tier. — Von den Reptilien, deren Eier einer Nachreife bedürfen: die Bildung des Eies im Mutterleibe; dasselbe frisch gelegt; das Wachstum der Tiere im Eie von acht zu acht Tagen; dieselben im Begriffe das Ei zu verlassen; die ausgekrochenen Tiere.

Die Entwickelung der Lurche ist in ähnlicher Weise veranschaulicht z. B.: der frische Laich; derselbe kurz vor dem Ausschlüpfen der Larven; dieselben in verschiedenen Altersstufen bis zu ihrer vollen Umbildung.

Ein einzelnes Präparat dieser Specialitäten (gewöhnlich mehrere Tiere enthaltend) kostet ℳ 0.75. Bei der Gleichartigkeit der Entwickelung der meisten Tierfamilien würde es dem Schulzwecke zur Ersparung von Kosten vollkommen genügen, wenn von jeder Ordnung nur ein oder zwei Arten zur Vorführung gebracht werden. Auf Wunsch bin ich gern bereit, eine diesbezügliche Auswahl zu treffen.

Bestellungen für dieses Jahr wolle man sobald als möglich, längstens aber bis zum 1. Sept. aufgeben. Für die folgenden Jahre empfiehlt es sich, eventuelle Aufträge im Frühjahre einzusenden, da ich nur dann mit Gewissheit die Ausführung im laufenden Jahre versprechen kann.

Der Versandt geschieht gegen Einzahlung oder Nachnahme. Verpackung wird zum Selbstkostenpreis berechnet.

Juni 1881.

Ad. Franke.
Stötteritz b. Leipzig.

Druck von Metzger & Wittig in Leipzig.

FSC
www.fsc.org
MIX
Papier | Fördert
gute Waldnutzung
FSC® C083411

Zeitfracht Medien GmbH
Ferdinand-Jühlke-Straße 7
99095 Erfurt, Deutschland
produktsicherheit@kolibri360.de